綠養
七七——著
HOMEMADE NATURAL SKIN CARE

推薦序

綠色健康、省錢省時，讓美麗不打折的第一本書

曾經有人問亞里斯多德：「人為什麼渴望美？」得到的回答是：「只要他不是瞎子，就不會問這個問題。」

可見，愛美之心，人皆有之——尤其是女人。

美容大師克雷爾．瑪娜有一個著名的公式：三分姿色＋一分化妝＋二分服裝＋二分首飾＋二分手袋＝百分之百美人。這與中國一句古老俗語：「三分長相，七分打扮」有異曲同工之妙。

時代發展到今天，美麗，已經不僅僅是為了悅己悅人，而是成了女人綜合特質和魅力的重要組成部分。英國經濟學家指出：長相一般的祕書比起漂亮的祕書，收入要少15％；姿色較差的女性比美麗的同事薪水少11％。職業婦女更應關注自己的美麗養成，這關乎個人職業發展的可能性。

世界上也許只有兩種東西會讓女人瘋狂追逐，那就是美貌和愛情。打扮是女人一生的功課，美麗的女人本身就是造物主最精美的作品。如果蜜糖不甜，女人不美，這個世界還有什麼意思？

人類的眼睛永遠會追逐美的人、事、物。

不斷有新的調查結果顯示，現代社會女人對於美貌的投資直線攀升，花在裝扮的費用越來越多。放眼大街小巷，美容院、美髮中心、服裝店比比皆是，電視裡、網路上、雜誌中，瘦身、護膚等廣告無孔不入，爭相吸引妳的視線。

可是，花了那麼多錢，女人卻未必變得更美。

這究竟是為什麼呢？

那是因為妳沒有遇到它——眼前的這本書！

如果說，世上有一本寶典，能讓妳以最省錢、最有效的方式變美麗；能讓妳梳妝檯上的瓶瓶罐罐效果翻倍；能讓隨手可得的日常用品統統變成美膚聖品；能變廢物為寶貝，讓過期的化妝品再次煥發生命力；能讓妳人在家中坐也能變身美容達人；能讓妳擁有窈窕身材卻省下健身俱樂部的入會費；能讓平凡的小資女瞬間 PK 掉奢華的富太太……

是否怦然心動了呢？愛美的女人，隨時隨地都要讓自己美還要更美！

《綠養》就是這樣一本書，它是美容達人、草根養生教主七七的親身實踐經驗和多年點滴心得，是最健康的新時代美麗宣言，也是都會靚女最時尚的低成本美妝保養祕笈。書中網羅最實用的美容養顏妙招、不花錢的天然美膚技巧，省時省錢，讓妳的肌膚逆齡生長，青春永駐。

美麗並不偏愛有錢人，翻開這本書，用最省的花費讓妳變身最引人注目的大美女，妳還等什麼？

自序

美麗不偏愛有錢人

深夜的電視購物節目中，經常會出現一個哀怨的主婦，對著鏡頭幽幽地說：「自從生了孩子，臉上就長出好多雀斑，老公回家的時間越來越晚……嗚嗚嗚。」

接著，主持人現身，手中拿著一款產品，「臉上有斑不用愁，××神奇面霜，幫妳恢復美麗和自信。」

「哇——真的好神奇哦！」

主婦用了這款產品之後，果然變美了，小臉又白又嫩，欣喜若狂奔相走告（表情和語氣極度誇張，有如在雪山頂上挖到千年靈芝）。

「現在拿起電話訂購，半價優惠！只有今天！錯過可惜！」

「半價哦！妳還在等什麼？」（似乎妳不買就是天字第一號大白癡）

此時電視螢幕下方的電話號碼張牙舞爪地跳躍著，看起來像在鼓吹妳趕緊掏錢。

對於這種廣告，我通常當成午夜娛樂節目來看，每次都笑翻在沙發上。

除了化妝品，還有很多無厘頭的產品，比如穿上就會把腹部脂肪全都吸到胸部的內衣，瞬間讓人變成蜂腰波霸，還有每天吃兩顆就再也無食慾的藥丸，一週就能讓妳瘦成紙片人……

我一直覺得很奇怪，這種稍微有點常識就能分辨真假的推銷，為什麼商家還能賺得口袋飽飽？難道一碰到「美容」兩個字，女人就會變傻了？

關於這個問題，我有位姊妹說得好。她說，很多時候，化妝品賣的並不是效果，而是夢想。那些廣告文案說得無比動人，極具煽動力，剛好搔在女人心口最癢的那一塊，在夢想面前，理智只能轉身退場，心甘情願地為自己心中美好的希望買單。

捫心自問，但凡女人，誰沒有過這種經歷：逛街掃貨買回一大堆化妝品，欣欣然用了一段時間便後悔自己的衝動，覺得那些瓶瓶罐罐是對自己夢想和智商的雙重打擊。

都說女人一旦談戀愛，智商就歸零，為什麼女人一旦愛美，智商也變低呢？道理很簡單，如果美對一個女人而言像生命那麼重要，似乎有點誇大其詞，但至少也抵得上半條命吧！

追求美麗是女人一生的大計。生命不息，美麗不止，無論什麼年齡，女人都不會放棄對美的嚮往。由於這種對美麗的超級渴求，形成了一種獨特的女性消費心理學。市場上的美容用品和化妝保養品層出不窮，琳瑯滿目，每天都有不同的美容新知出爐，什麼脈衝光嫩膚、雷射除斑、肉毒桿菌除皺等等，商人就像魔法師一樣，不停拋出各種新玩意兒，卯足了勁要賺女人的錢。

女人＋美容，儼然成了一場消費秀。一張小臉的方寸之地，敗掉了大把大把的鈔票。

可是，姊妹們，漂亮的臉蛋和永駐的青春，真的只能砸大錢才買得到嗎？

美麗＝燒錢，難道真是一個不可逆轉的命運？

NO！NO！NO！

美麗和金錢有關，但並不絕對。

「只有懶女人，沒有醜女人。」如果有人以囊中羞澀為藉口，停下追求美麗的腳步，那只能說此人真的太懶了。有錢的人大可以去美容院、健身房、用名牌的專櫃化妝品、做最時尚的髮型、買精品名牌的衣服，但是沒錢的妳，一樣也可以擁有美麗——超簡單又低成本的「鹽白」配方，善用阿嬤的古早美容祕訣「醋」，以食用油做出「黃金美容液」，咖啡渣拯救「小腹婆」，小黃瓜、番茄、牛奶、蜂蜜、珍珠粉能做出超讚的面膜，睡飽養顏美容覺勝過仙丹靈藥，去郊外踏青，呼吸清新空氣也能養顏養心……

當妳瞭解了灰姑娘變公主的祕密，就能以最省錢、最方便、最有效、最健康的方式由內到外變美麗。

自序

目錄

Chapter 1 吃好睡好，才是最省錢的美容王道

Chapter 2 小食材，大美麗！隨手可得的省錢保養品

Chapter 3 天生麗質難自棄

Chapter 4 又省銀子又有「面子」

Chapter 5 聰明女人這樣買化妝保養品

Chapter 6 最划算的居家塑身法

Chapter 1

吃好睡好，才是最省錢的美容王道

真正的美麗是由內而外散發的光芒，
需要自內而外的調養。
體質調養好，外表才會好。
所謂「養於內，秀於外」，就是這個道理。

破除節食迷思！世上沒有營養不良的美女

什麼是真正的美麗

有位資深美容師曾對我說過：「美容，要嘛錢多，要嘛臉多。」她的意思是，想讓自己變漂亮，要嘛捨得錢，要嘛捨得臉，只有花了錢才有好效果，否則就是把自己的臉當試驗品，不知要承擔多少風險。總而言之，在美容這件事上，「既省錢又美麗」這種魚與熊掌兼得的好事，只能送妳三個字：不可能！

但是，事實果真如此嗎？要回答這個問題，我覺得有必要先討論一下什麼是真正的美麗。雖然每個人的審美觀各不相同，但是關於美麗，有一點肯定能達成共識，那就是要以身體健康為基礎，有好皮膚、好氣色、好身材，以及好的精神狀態。

確實，我們買下保養品、美容儀器、保健藥物等，都是為了滿足自己對於美麗的期待，覺得似乎這錢花下去，就能換來下一刻的脫胎換骨。

但是，美麗從來都不是只看表面，而是內外加總的綜合指數。一個人外表的神采不是服裝和化妝品能夠粉飾出來的，華服和脂粉只不過是錦上添花的點綴，絕不是拯救頹敗容顏的救星。

所謂美容，一般來說分為兩大類：一種是化妝品美容法，一種是保健美容法。化妝品有讓人暫時美麗的效果，但是治標不治本，並不能讓一個人長期保持美麗容顏，唯有保健美容法才是標本兼治的途徑。很多姊妹只注重外在的美容與修飾，常常忽略內在的調理，整日泡在美容院裡，黑的、綠的、白的、褐的，往臉上敷了一層又一層，或藉助科學儀器和技術來變美，忙得不亦樂乎，鈔票大把大把地撒出去，時間也浪費了不少，效果到底怎麼樣，也許只有天知道了。

真正的美麗是由內而外散發的光芒，需要自內而外的調養。體質調養好，外表才會好。看起來神采奕奕、容光煥發的美女，肯定有一個好的身體底子。只有健康的身體才能為外表提供源源不絕的美麗養分，所謂「養於內，秀於外」，就是這個道理。

所以，想要達成擁有一副好容顏的目標，不是僅靠梳妝打扮，還要靠我們對自己身體持續地保養與呵護。談到對身體的調養和保養，聽起來似乎很不簡單，好像要求我們具備什麼專業的養生知識，必須投入大量的時間和精力，其實大可不必。想要達到內外兼修的美麗，說難也難，說不難也不難，只要遵循人體自身的運行規律，養成良好的生活習慣，建立營養均衡的飲食計畫，以及享有高品質的甜美睡眠，一切就OK了！

說白了，只有吃好睡好、適當運動、保持好心情，才能持續為身體提供能量並保持活力，如此容貌才能好看又耐看，而這恰恰也是最有效、最省錢的美容王道。

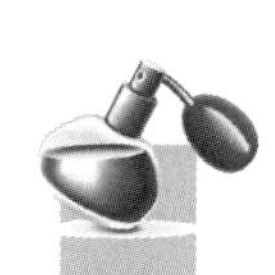

食物是最超值的美麗元素

保養品的成分表裡經常會看到諸如「玻尿酸」、「膠原蛋白」、「維生素」等成分，聽起來都有神奇的作用，比如為肌膚補充營養、幫助肌膚提高彈性、保持緊緻等等。其實標價動輒上百美元的保養品裡所含的「美麗元素」，生活中就能輕鬆取得，根本不用花費那麼多額外的錢，來源很簡單，就是每天入口的食物。

我們的日常飲食幾乎囊括了養顏美容需要的所有營養素。這樣的例子可以隨手拈來，比如肉皮的主要成分就是膠原蛋白和彈性蛋白，大分子的膠原蛋白約佔豬皮蛋白的85％。中國漢朝名醫張仲景在《傷寒論》中便提到豬皮能夠「和氣血、潤肌膚」；優酪乳中含有氫氧酸等物質，有助於豐肌潤膚，長期適量飲用，小皺紋就會逐漸減少；鵪鶉蛋中含有豐富的蛋白質、維生素B群和維生素

A、E等，都是健康美麗的肌膚所必需的營養。

吃吃喝喝就能達成美麗夢想嗎？是的，美容與飲食息息相關，依照科學原則打造適合的飲食內容，可以幫助我們改善肌膚狀態。皮膚的健康需要充分的營養來奠基，皮膚的彈性、光澤、氣色均有賴於各種營養素的滋養，而營養最好的攝取方式，當然是吃進嘴裡了，在達成美麗目標的同時，也享受到品嚐美食的樂趣，何樂而不為呢？

聰明的女人，懂得把自己「吃」得更漂亮，只要好好打理自己的飲食，作息規律，美容就是一件輕鬆的事。

2 做個紅粉佳人，靠胭紅不如靠氣血

氣血是真正的美顏聖品

有人把女人的生理期拿出來調侃，大意為：一個月流七天血還能活著的動物，真是逆天的存在啊！

這句話讓我笑了半天，雖然是調侃，但是由於特殊的生理機能，當女人真的很不容易。因為有週期性的耗血，若不注重養血，很容易出現臉色萎黃、唇甲蒼白、眼花、頭暈、乏力、氣急等血虛症狀。嚴重貧血的人，還會提早長出皺紋、白髮，出現早衰症狀。而且，女人還會經歷懷孕、分娩、哺乳等各個階段，相對於男性，更容易耗損氣血。

氣血，對女人來說實在是太重要了！養氣血，無論是從美容角度，還是健康角度，都顯得格外有意義。

中醫常說的「有諸內者，必形諸外」。一個人想要看起來漂亮，就必須臟腑經絡功能正常，氣血津液充足。

身體內部各個系統的衰老，都會直接影響肌膚並將老態呈現在臉上，只有調整好身體內部機制，以內養外，肌膚才會健康青春。也就是說，只有擁有健康的身體，才能擁有美麗的容顏。

目前已知最早針對「氣血」論述的典籍是《黃帝內經》。在《黃帝內經》中，氣血是人體內氣和血的統稱：「將相之和，國之始興，氣血之諧，人之悅色」，認為氣與血各有不同作用而又相互依存，正是氣與血的通力合作，才能幫助人體的臟器組織運作和維持生命活動。

總結來說，就是將氣血比之為將相，可見氣血充足調和是人體健康美麗的基礎。

「白裡透紅，與眾不同。」女子賴血而生，血為體之陰，正符合女陰之性。對女人來說，氣血是真正的美顏聖品，只要氣血通暢，就有了當美女的本錢。

氣血主宰了我們的健康和青春，其實只要平常多關愛自己的身體，在飲食和生活習慣等方面多花點心思，擁有充足的氣血並非難事。

不過，美容養生是一件需要耐心的工程，補養氣血不可操之過急，需食用補血和補氣的食物、藥物慢慢調養。

氣血的簡單自檢方法

氣血非常重要，但也未必人人都不足。在調理氣血之前，首先應該判斷自己是否氣血不足，或虧損的程度如何，千萬不要亂補。

因為「有諸內者，必形諸外」，所以透過觀看外表，就能夠判斷出自己的氣血狀況。

從上到下來檢視，首先對著鏡子檢查一下自己的頭髮。女人的頭髮一向是性感指標之一，如果擁有一頭烏黑、濃密、柔順的秀髮，說明氣血充足，如果頭髮乾枯、發黃、開叉、易脫髮，都是氣血不足的表現。剛剛生完小孩的媽媽，大多會大把地掉頭髮，原因有很多，其中很重要的原因就是氣血兩虛。

接著向下，看看自己的眼睛。有句話叫「人老珠黃」，指的就是眼白的顏色變得混濁、發黃，有血絲，這就表示氣血不足了。

再向下，看看自己的臉頰，仔細檢查肌膚狀況，如果皮膚白裡透紅，有光澤、有彈性，一張臉很乾淨，沒有太多的皺紋和斑點，代表氣血充足。

反之，粗糙，黯淡、發黃、發白、發青、發紅、長斑，這些現象都代表氣血出了問題。

好，再向下，張開嘴看看自己的牙齦。如果覺得自己在吃東西時越來越容易塞牙縫，表示牙齦萎縮導致牙齒的縫隙變大了，而牙齦萎縮代表氣血不足，身體狀況已開始走下坡，衰老速度正在飆升。

下一步，攤開雙手，觀察指甲，如果指甲上出現縱紋，說明氣血兩虧，體力已經開始透支，身體開始衰老。

許多女孩都喜歡塗指甲油，雖然能把手指修飾得很漂亮，但是也容易遮掩一些健康問題，卸下指甲油後一定要記得觀察一下自己的指甲。

檢查完外表，最後關注一下自己的睡眠，氣血好的人通常入睡快、睡眠沉，呼吸均勻，一覺睡到自然醒；而入睡困難，易驚易醒，夜裡頻尿，呼吸深重或會打呼的人，大都屬於氣血兩虧。

透過這些簡單的自我檢測方法，一路觀察下來，對自己的氣血狀況應該就心裡有數了。

我的養顏補血獨家祕方

補養氣血可以藥補，也可以食補。

補氣補血的中藥有黨參、黃耆、當歸、熟地等，但藥物調理需依照醫生指示才能進行。

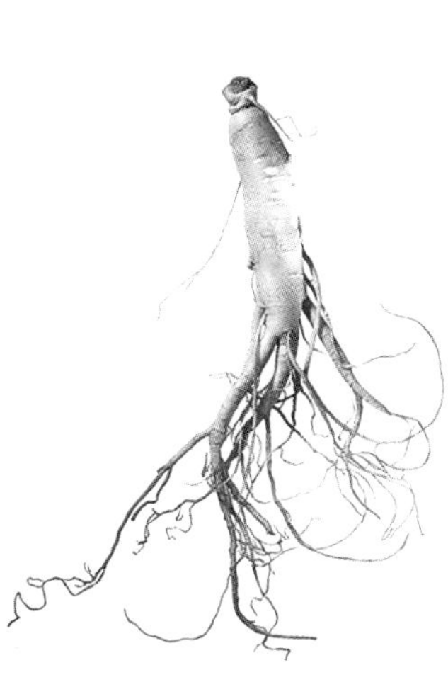

在日常飲食中，也有很多的補血食療方，其實食補是最溫和、有效的方法。紅棗、桂圓、花生、

糯米、紅豆、紅糖、枸杞等，都是人們常吃的補血食品，互相搭配，就成了很好的補血食療方，利用美食吃出好氣血。

紫米補血粥

紫米、桂圓和紅棗是公認的補血良方，再加上營養價值很高的山藥，益氣養血的功效更顯著，氣血不足的姊妹一定要試試看。做法很簡單，把紫米、紅棗、桂圓、山藥、紅糖一起熬成粥就可以了。不過有一點要注意，桂圓雖然可以補血氣，但是不易消化，不要吃太多，每次加入四、五顆就足夠了。

當歸紅棗排骨

當歸、紅棗和排骨搭配，具有滋陰補血、潤燥養顏的作用。排骨一小盒，枸杞十顆，紅棗兩顆，當歸四片，先將排骨氽燙，放入砂鍋，加入枸杞、紅棗、當歸，另外準備蔥和薑片，加水以大火燒開後，改小火燉至排骨熟爛，加入鹽和雞粉調味即可。

地瓜補血湯

這是一款最簡單但極有效的補血食療小方。將地瓜和紅棗一起下鍋煮開，地瓜熟透後放入適量紅糖，在鍋裡慢慢地燉，燉得爛爛的，經常吃，補血效果很好，夏天還可以當甜品吃。

經常坐在電腦前的電腦族，可以常喝紅棗桂圓枸杞茶，每天早上喝一杯，不但補氣血，還能明目，美容養顏的效果也超讚。

對於身體特別虛弱、氣血虧損很嚴重的人，最快的補血方法是多喝高營養的肉湯，比如牛肉湯、羊肉湯、豬肝湯、雞湯、骨髓湯、蹄筋湯等，以及用紫米、玉米、白米、紅棗、核桃、花生、蓮子、桂圓、枸杞等煮成什錦粥，做成糊狀的粥容易消化吸收，養生效果特別好。

3 聽、好、了！—灰姑娘變公主的祕密

每天一杯濃豆漿，一生保持「女人味」

中國有位知名舞蹈家楊麗萍，被譽為孔雀女神。二〇一二年央視春晚，年過半百的楊麗萍再度亮相，一曲「雀之戀」舞得令人驚豔，讓人不得不感嘆世上真有不老女神的存在。當時已年過五十的楊麗萍告訴記者，經過科學檢測，她的身體年齡只有三十五歲。記者向她請教駐顏祕訣，楊麗萍的答案是——每天一杯濃豆漿。

孔雀女神為什麼每天都要喝豆漿呢？原來，豆漿富含特殊的營養成分——大豆異黃酮，而大豆異黃酮與雌激素有相似結構，因此又被稱為植物雌激素，能夠緩解女性三十歲以後雌性激素分泌不足的問題，提高肌膚水分及彈性，預防骨質疏鬆，使女性再現青春魅力。

雌激素是人體荷爾蒙的一種，人體中的荷爾蒙高達七十五種以上，不同的荷爾蒙具備著不同的功能，而在這個成員眾多的荷爾蒙家族中，雌激素與女人的健康及衰老關係最密切，因為只有它，才能讓我們一直保持「女人味」：光滑的肌膚、窈窕的曲線，甚至溫柔的性格都是由雌激素決定的。所以說，雌激素不僅是女人的生理激素，更是女人的青春和健康激素。

雌激素主要由卵巢分泌產生，少部分產生於脂肪。每一個健康的成年女性，自身都有分泌雌激素的功能，並保持著微妙的平衡，進而顯示著女性特徵，並保護女人免於受到疾病的危害。一旦雌激素減少，皮膚就會變得粗糙，皺紋早生，骨骼鬆脆，腰腹肥胖，而且停經期會提前至少兩到三年。

除了對外表的影響，雌激素還是一種與「愛」有關的激素，直接影響著女人性生活的品質。如果妳覺得自己好像少有慾望，與妳的他之間出了點問題，喝豆漿或吃豆製品能幫妳很快改善這種情況。大豆異黃酮的類雌激素作用，可以增加性腺分泌，滋潤女性重要的器官——陰道，增厚陰道上皮，使陰道肌肉彈性增強，進而提高性生活品質。

除了黃豆，蜂王漿也是補充雌激素的佳品，不過，由於很多人不太喜歡蜂王漿的味道，所以未將它列入選項，再者，蜂王漿不宜太早補充，一般在更年期前開始食用比較好。

雌激素絕不是越多越好

越來越多的女人都瞭解雌激素的重要性，所以也越來越重視補充雌激素。

有一次我去朋友家做客，發現她桌上有一瓶雌激素補充劑。她只有二十七歲，這年紀就補充雌激素實在是太早了，根本沒有必要，只需在日常飲食和生活習慣上多用點心就足夠了。

雖說女人少了雌激素會變得不漂亮，但並不是雌激素越多就越漂亮，矯枉過正的後果是很可怕的。過早、過多地補充雌激素，除了會引起經前期各種症狀外，還會導致纖維瘤、良性子宮病變，甚至女性特有的癌症。

很多年紀輕輕的女孩子急著補充雌激素，是因為提早出現了更年期的症狀。為什麼雌激素總是在現代女性的生活中「早早退場」呢?追根究底，原因還是出在女人自己身上。

有時候，並不是我們不重視健康，卻常常打著「健康」的旗號犧牲健康!舉個例子，不知道從什麼時候開始，「素食美人」的概念在女性中風靡，為了減肥，很多姊妹熱衷於節食和吃素，殊不知這種飲食習慣會帶來雌激素大量流失的惡果。雌激素是讓女性豐滿動人的重要「物質基礎」，而雌激素充足與否，又有賴於我們的體型和皮下脂肪含量，兩者之間是相得益彰的關係。女人總覺得自己應該要再減五公斤，這樣過度減肥，會讓女性出現雌激素降低現象。除了卵巢，脂肪組織也是雌激素生成的來源之一，有促使體內雄激素轉化為雌激素的能力，而節食減肥大多意味著脂肪、蛋白質的攝取量不足。蛋白質攝取不足會導致人體各種生理機能發生紊亂，生殖機能當然也不例外。卵巢分泌雌激素的功能受到影響，就會出現雌激素分泌不足，甚至導致停止排卵和生殖機能紊亂的狀況。

研究證實，女性體內脂肪至少要達到體重的22％才能維持正常的月經週期，這也是能夠懷孕、分娩及哺乳的最低脂肪標準。如果低於這個標準，雌激素就會處於不足狀態，久而久之，更年期症狀就不請自來，提早出現了。

除了飲食，生活習慣對雌激素的影響也不容小覷。不知道現在有多少人能夠擁有每天夜晚十二點到兩點的「黃金」睡眠。這段時間如果不睡，兩點之後即使睡到第二天中午太陽高照，睡眠品質還是補不回來。忙起來該睡的時候不睡，該吃的時候不吃，閒下來「暴吃」、「暴睡」，弄亂了體內原本平衡穩定的機制。長此以往，衰老的「加速度」怎能不加快呢？

出現雌激素缺乏的現象時，不要急著補充，只要不是特別嚴重，99％的人都可以透過自我調節而康復。按照大自然原本的節奏來作息，該吃則吃，該睡則睡，累了就休息，肌肉僵硬就活動筋骨，保持生活各方面的平衡，雌激素自然也就平衡了。

在補充雌激素的眾多方法中，以補充植物雌激素的方法最安全有效。植物雌激素的好處在於，具有對雌激素的雙向平衡作用，當體內雌激素缺乏之時，大豆異黃酮會促進分泌，但當雌激素太高時，大豆異黃酮也會加以調節，進而可以預防與雌激素相關的癌症。黃豆的這種特性，在食物中很難找到第二種。

最能刺激雌激素分泌的，就是談戀愛。這不是我胡說的，而是有二十幾年從業經驗的婦產科專家所言。關於這點，相信妳我都心知肚明，肯定都感受過這種經驗，熱戀中的女人大都容光煥發。為了保持美麗，單身的趕緊談戀愛；有伴的要維持關係，盡量呵護感情，保持熱情。

養生養顏，就是順其自然，我編寫健康保健書，最怕別人向我要求「新鮮」，有些人會說：這些內容太普遍了，很多人都說過了，來點新鮮的內容吧！

然而，這些都是經過研究實驗得出的正確理論，不能隨個人好惡任意更改。畢竟，健康保健書不是寫小說，專業的健康守則，即使看膩了也得遵守。

4 要緊緻，不要鬆弛

一「鬆」百醜

過了二十五歲以後，也許妳覺得青春並未遠去，鏡中的自己依然年輕亮麗。可是，妳是否有過這種體驗：某天低下頭照鏡子時，突然發現兩頰的肉似乎有點下垂，肌膚的輪廓也沒有先前那麼緊緻了。

這時候妳可能會感到非常懊惱。如果臉上長了斑或出現惱人的皺紋，妳可能會在第一時間發現，而清秀的瓜子臉什麼時候成了惱人的雙下巴？緊緻的雙頰什麼時候開始微微下垂？妳竟然完全沒察覺！如果臉部輪廓已經鬆弛，即使肌膚依舊無瑕，整個人看起來仍然顯得老氣、沒精神。

設想一下，如果有一天，鬆弛現象持續加重，妳的皮膚失去彈性，臉上長滿皺紋，毛孔變大，長出眼袋，出現雙下巴，小腹下垂，腰上滿是贅肉，身材變得臃腫……我想妳一定會尖叫，這是多麼恐怖的事情！那麼，妳想過嗎？這一切的「罪魁禍首」是誰？女人美麗容顏和窈窕身材最大的敵人，不是贅肉，不是皺紋，不是毛孔，不是眼袋，而是——鬆弛！

衰老總是悄悄地、一寸寸地潛入我們體內，在不知不覺中一點一點改變我們的面容和體態。而鬆弛，就是衰老的第一步，遠遠出現在皺紋、眼袋、贅肉等衰老現象之前。

即使有人能夠豁達地把皺紋當成歲月的禮物，但絕對沒有人能忍受「鬆弛」，它永遠是女人解不開的心結、揮不去的噩夢。

對女人來說，一「鬆」百醜。贅肉、皺紋、毛孔、眼袋等都只是表象，鬆弛才是問題的根源。肌肉、皮膚的鬆弛帶來一連串問題，使人顯得衰老和憔悴。

地心引力是鬆弛的元兇

是什麼讓我們的肌膚失去往日的彈性？研究發現，地心引力是衰老的元兇。肌膚的鬆懈、下垂等現象都與地心引力有關，女人最怕地心引力，它讓我們的眼睛、臉頰、胸部、腹部、臀部下垂，

□從內眼角到鼻翼兩側的肌膚凹陷，臉部輪廓變得分明
□不再適合留直髮
□體重雖然沒有下降，但別人都說自己臉瘦了
□臉型朝五邊形發展
□出現雙下巴
□最近眼線和睫毛膏容易黏在下眼瞼上
□平和的表情下，嘴角總是顯出一副不滿意的樣子
□使用睫毛夾時，眼皮容易被提上去
□即使消除了黑眼圈，也覺得下眼瞼處有陰影
□下眼瞼在刷上睫毛膏後顯得很厚重
□不畫唇線時，感覺唇部輪廓模糊
□不再適合戴吊墜耳環

□起床後肌膚上留下的壓痕很難消退

□穿著高領衣服覺得抵著下頷

□發現同齡女性朋友的側面有些鬆弛

□有時候看到自己浮現在商店櫥窗上的臉孔時會大吃一驚

選擇0～3項

鬆弛度1

雖然屬於健康的成熟肌膚，但不要掉以輕心。肌膚的鬆弛從正面很難觀察到，因為在照鏡子時，女性總是不自覺地露出最美的表情。所以，也有可能是還沒覺察到肌膚的真實情況，可以請好朋友幫妳從側面檢查一下肌膚的鬆弛程度。

選擇4～9項

鬆弛度2

臉的中心是最早讓人察覺出皮膚鬆弛的部位，從內眼角到鼻翼兩側的部分凹陷，是皮膚開始鬆弛的特徵。臉部的輪廓也在逐漸變化，但是初期不易被察覺。如果妳原本是圓臉或低鼻樑，當某一天因為發現臉部輪廓變得分明而驚喜的時候，事實的真相卻是——妳的肌膚開始失去彈力了。

選擇10～14項

鬆弛度3

妳的肌膚鬆弛情況已經比較嚴重了，必須趕快進行提升緊緻的保養工作。

膠原蛋白是對抗鬆弛的美容聖品

提到膠原蛋白，很多愛美人士都不陌生。近年來，很多女性在保養品乃至日常食物中尋覓膠原蛋白的蹤影，將其捧為美容「聖品」。

人體表面皮膚水分流失、彈性變差等，跟體內膠原蛋白合成速率下降、流失加劇有關。而體內膠原蛋白的合成速率會受到年齡、遺傳、疾病和外部環境等原因影響，透過塗抹或食物攝取等途徑，並無法有效加快其合成速率。換句話說，膠原蛋白並非補得越多就能直接在皮膚中合成或儲存得越多。

專家認為，要延緩皮膚衰老，更有效的做法是減少膠原蛋白的流失，排除遺傳因素和年齡等無法抗拒的因素外，積極預防病變、改善外部環境、避免紫外線對皮膚中膠原蛋白的破壞，或許更有助於減少其流失。

5 沒錯，吃吃喝喝就能排毒養顏

「毒」從何來？

「排毒養生」的觀念早已深入人心，尤其是深入美女們的心，很多人都知道毒素在身體內堆積會引起疾病和衰老，卻不知道那「毒」到底是什麼？又是從何而來？

西醫認為，人體內脂肪、糖、蛋白質等物質新陳代謝產生的廢物和腸道內食物殘渣腐敗後的產物，都是體內毒素的主要來源。換句話說，毒素就是人體不需要的垃圾。

中醫認為，對人體有害的皆為「毒」。「毒」分為兩種：一種是體內代謝產物——這一點與西醫的觀點一致，皮膚狀況的改變與體內毒素有直接的關聯性。此外，還有來自精神的毒素——壓力，壓力會導致身體無法正常排出其他毒素，陷入整體循環紊亂的狀態。另一種是外來之毒，指外部環境的空氣、水、飲食中所含有害人體的毒，比如細菌、病毒、殘留農藥等。

排毒不要太用力

基於內外環境存有無所不在的「毒」，很多人都選擇大腸水療或吃藥來排毒，卻不知那是一種嚴重的錯誤，過度排毒絕對要不得。

其實身體本身就具有強大的「排毒」能力，比如肝臟是重要的解毒器官，各種毒素經過肝臟一連串的化學反應後，變成無毒或低毒物質；腎臟則是排毒的重要器官，會過濾血液中的毒素和蛋白質分解後產生的廢料，再透過尿液排出體外。人體的排便、排尿和出汗就是自然的「排毒」機制。絕大多數情況下，只要身體機能運轉正常，完全可以依賴自身的排毒機能，將多餘的毒素排出體外，無需再施以外力「排毒」。

當然，我們可以用一些方法來促進身體的排毒速度，讓身體更加清爽有活力。

身體的「排毒」主要靠適當的飲食和適量的運動。如果飲食結構不均衡，油炸、油膩等高脂肪食物吃太多，會使腸胃運作緩慢，也會影響毒素的排出；而作息不規律，會使身體像程式錯亂的電腦，「排毒」機能無法按時操作，會直接導致「排毒」功能下降。

最簡便易行的「排毒」法，就是多吃蔬菜、水果和雜糧，少吃高脂肪食物，以便幫助身體化解和排出毒素。比如，可以在日常飲食中多吃點胡蘿蔔、大蒜、葡萄、無花果等來幫助肝臟排毒；多吃點小黃瓜、櫻桃等蔬果有助於腎臟排毒；蒟蒻、黑木耳、海帶、豬血、蘋果、草莓、蜂蜜、糙米等食物，則能幫助腸道排毒。

同時，還要多喝水，保持排便通暢；定時健走、做瑜伽，讓身體流點汗，可以加快代謝速度，以達到徹底「排毒」的目的。最重要的是，一定要保持心情愉快，確保睡眠充足。選擇健康的生活方式，比花錢買「排毒」膠囊來吃更有意義。

最後，透露一個獨家排毒小祕方。眼睛對於女人，尤其是愛哭的女人，也是一個排毒武器呢！醫學專家證實，眼淚裡含有大量對健康不利的有害物質。平時很少流淚的姊妹，週末時不妨找部感人的電影來讓妳的淚腺運動一下吧！不僅可以藉機發洩一下平時心裡的壓力，還能排毒養顏，可謂一舉兩得！

6 睡一個養顏美容覺，勝過仙丹靈藥

美人多覺

一個人的容貌好看不好看，絕不僅僅是容貌是否標緻，皮膚是否完美那麼簡單的，而應該是一種整體的印象。如果精神狀態極差，不論如何打扮，都會缺乏神采，無法讓人覺得儀表出眾。影響精神的最大因素，就是睡眠。

俗話說：「美人多覺。」之所以有這句話，原因在於夜晚是肌膚新陳代謝的最佳時段，此時皮膚血管完全開放，血液可充分到達皮膚，在血液的供應和滋養下，皮膚才能完整地進行修復和更新，預防和延緩皮膚衰老。所以說，睡一個好覺勝過仙丹靈藥，絕不為過！大文豪莎士比亞甚至將睡眠譽為「生命筵席上的滋補品」。

我有一位好姊妹，平時很注重皮膚的外在保養，一個月光保濕化妝水就要用掉四瓶，但是仍舊沒有改善皮膚乾燥缺水的狀況，皮膚就像乾燥的海綿，每個毛孔都嗷嗷待哺，拍多少保濕化妝水都能迅速吸收進去，但是很快又乾燥了。

對皮膚來說，外在的水分補給雖然非常重要，但是內在的滋養更加重要。正是由於沒有良好的睡眠品質，身體原本的修復和更新能力很差，所以她的的皮膚才會「喝」多少保濕化妝水都效果甚微。

色素沉澱、色斑、痘痘、肌膚粗糙，這些肌膚問題都與睡眠不足有關。經常熬夜會影響到皮膚本身的鎖水機能，同時新陳代謝也會變得緩慢，導致毒素囤積，肌膚失去活力。另外，睡眠不足也會直接影響內分泌，女性荷爾蒙分泌不足，不但皮膚看起來會老，整體狀態也都會顯出衰老。

睡不夠，更「放縱」

睡眠不足不單是影響肌膚狀態，還會讓身材變形。睡眠之所以影響體重，是因為它會影響人體激素的分泌，尤其影響那些與食慾和飽足感有關的激素。

當女性睡眠不足時，那些能抑制高熱量食物攝取慾望的激素分泌減少，體內的「放縱」荷爾蒙就會迅速增加。所謂「放縱」荷爾蒙，就是生長激素釋放，這是一種由胃所釋放的飢餓信號，是讓人吃得更多的罪魁禍首。研究發現，每晚僅睡五小時的人，體內生長激素釋放的比例會比起睡眠達到八小時的人高出15％。此外，在深度睡眠時，大腦會指示身體把脂肪轉化為能量，避免脂肪囤積在臀部、大腿和肚子上。

研究人員發現，臺灣女性約30％睡眠長期不足六小時，而她們發胖的機率也比其他人高30％。專家建議，想要瘦身，每天一定要確保至少睡足七．五小時。如果今天比平時晚睡了一、兩個小時，第二天就必須晚一、兩個小時起床。不過，有的美眉每天可能需要九小時的睡眠。如果妳已經睡夠七．五小時，第二天仍然無法被鬧鐘叫醒，就表示妳還需要更多的睡眠。每個人都有自己所需的正常睡眠時間，如果睡眠少於這個時數，哪怕僅僅只少一小時，也會導致體內荷爾蒙失調。但是，這並不表示睡得越多瘦身效果就越好，睡太多的害處也很大，妳需要的是最適合自己的睡眠長度。為了找到這個理想的標準時間，可以試著比平時提早十五分鐘上床，直到妳發現自己的理想睡眠量為止，當然這可能得花上妳一個星期的時間來實驗，但很值得。

並非躺到床上的那一刻才是睡覺的開始。如果睡前一小時妳還是守著電視或抱著電腦，那麼神經就無法得到鬆弛，睡不著數整晚綿羊也就在所難免了。給自己一個良好的睡眠環境，營造舒緩寧靜的入眠氛圍，自然更容易入睡。

我最喜歡的助眠方式是薰香。在房裡點上香氛燈或水氧機，滴一些精油，薰衣草、橙花、茉莉等精油的芬芳味道能促進腦內啡生成，使人平心靜氣，情緒安定，心情十分舒緩放鬆，妳若覺得心神安穩，歲月靜好，怎麼可能睡不著呢？

另外，睡前一定要關掉電視、電腦和手機。我的一位姊妹因為膽子小，不敢一個人睡，習慣將電視轉成靜音開一整夜，這是非常糟糕的壞習慣。因為只要有燈光閃爍，妳的大腦就會做出覺醒反應，降低褪黑激素的分泌，不但影響深睡眠品質，還會令衰老加速。

沒有裸睡過的姊妹不妨一試。裸睡很性感，還會讓妳會睡得更沉、更舒適。沒有了衣服的束縛，不僅能促進加快新陳代謝，更有利皮脂的代謝和再生。

睡覺時的姿勢也非常重要，背部朝上趴著睡，第二天臉會腫腫的，這是因為睡覺時血液向臉部集中而引起的。另外，總是朝左或朝右側睡，受壓迫的一側皺紋相對要深一些，因此最好的睡姿應該是保持臉朝上的仰睡。如果發現自己頸紋特別多，檢查一下是不是枕頭太高了。睡前將一塊枕巾鋪在枕頭上，絕對是一件小投資大收益的事，真絲光滑的材質會將肌膚與枕頭的摩擦係數降至最低，嬌嫩的臉蛋就不會長皺紋啦！

賴床會讓妳變醜

有一首歌名叫《賴床》，歌詞是這樣寫的：「越睡越是累，越累就越睡，雜務萬千堆，不知怎應對，攬枕攬緊些，窗簾別拉開，恬靜世界裡，我自閉隱居……」

我覺得，這幾句歌詞，充分說明了賴床的壞處。

人在睡眠過程中，大腦皮質是處於抑制狀態，如果睡醒了還在床上賴著，就會造成大腦皮質長時間抑制，進而導致大腦供血不足，於是起床後會感到頭暈腦脹，沒有精神。此外，經過一夜休息，早晨時我們的肌肉和骨關節通常變得較為鬆緩。如果醒後立即起床活動，可使肌組織張力增高，以適應白天的活動。習慣性賴床的人，因肌肉組織錯過了活動良機，動與靜不平衡，起床後時常會感到全身發軟，四肢無力，整個人懶洋洋的。如此，接下來的一天會感到更累而且昏昏欲睡，而這種昏昏欲睡又會妨礙妳在晚上進入深度睡眠。長期下來，就變成「越睡越是累，越累就越睡」的惡性循環。

「攬枕攬緊些，窗簾別拉開」，經過一個晚上，早晨臥室的空氣最渾濁，即使半開窗戶，也有23%的空氣無法流通，何況是連窗簾都不拉開呢?這些不潔空氣裡含有大量病毒、細菌、二氧化碳和粉塵，影響人體呼吸道的抗病能力。因此，那些關窗貪睡的人很容易患感冒、咳嗽、咽喉炎等疾病。

從心理上說，經常賴床還會令人變得抑鬱和焦慮。「恬靜世界裡，我自閉隱居」，如果賴床是為了逃避壓力，結果只會是越睡越自閉，甚至會出現情緒障礙。

妳看，本來打算睡一個美美的美容覺，卻因為賴床而影響了品質，甚至還會讓妳變得更醜，所以，睡夠了就趕緊起來吧！

Chapter 2

小食材，大美麗！隨手可得的省錢保養品

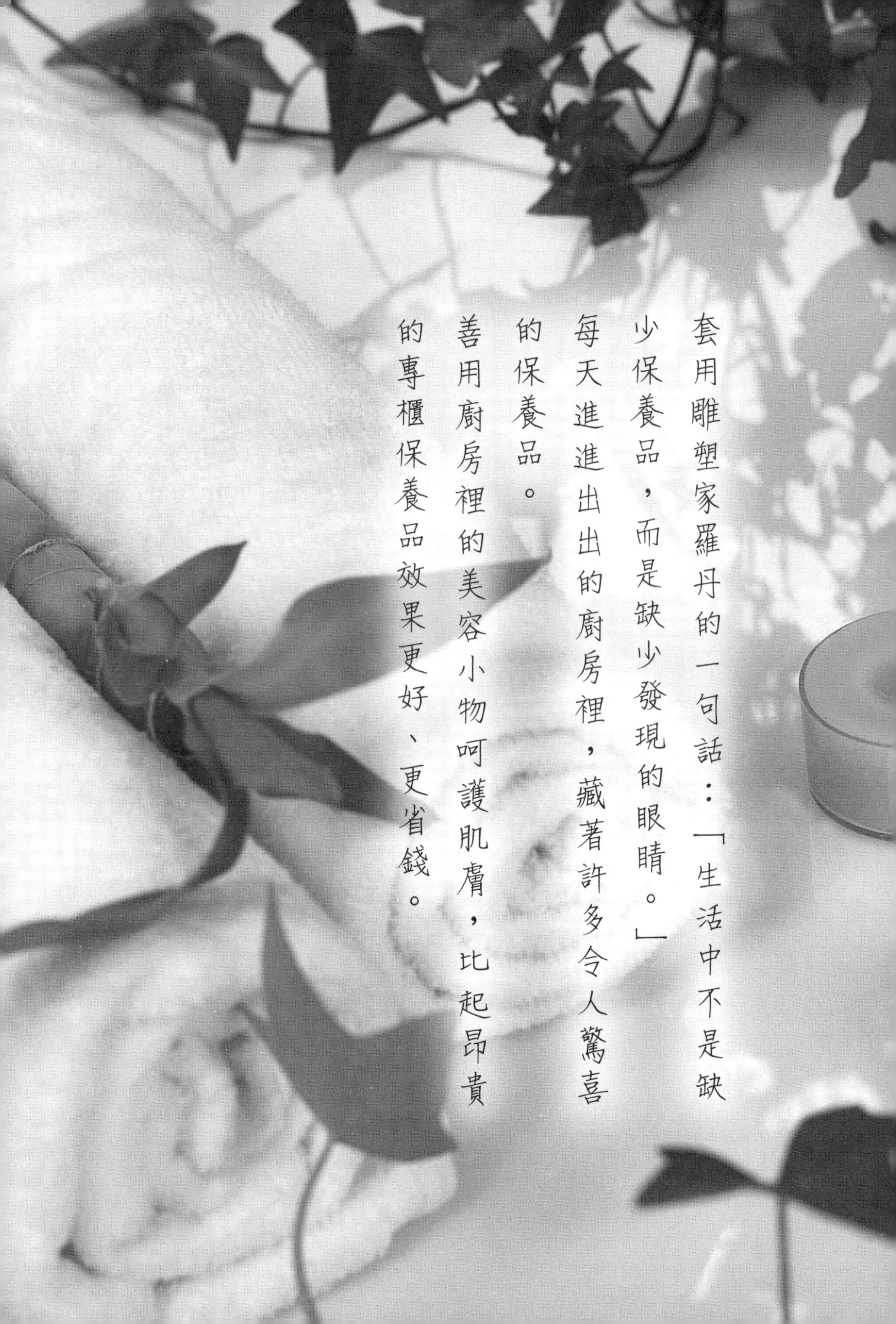

套用雕塑家羅丹的一句話：「生活中不是缺少保養品，而是缺少發現的眼睛。」每天進進出出的廚房裡，藏著許多令人驚喜的保養品。

善用廚房裡的美容小物呵護肌膚，比起昂貴的專櫃保養品效果更好、更省錢。

小廚娘的低成本「鹽白」配方

廚房與美貌是否有淵源？

女人和廚房的關係，早就被無數人大書特書。有人說，「要抓住男人的心，先抓住男人的胃」，也有人說，「好女人要上得了廳堂，下得了廚房」。

略過這些理論不談，廚房與美貌之間是否有淵源？有人會說當然有了，因為前面剛剛說過，不吃就沒營養，沒營養怎能變漂亮？而想吃得好，又怎能離得開廚房呢？

沒錯，不好好吃飯怎麼會漂亮！不過現在我想說的是，除了吃到嘴裡滋養身體的營養，廚房裡瓶瓶罐罐中的食材，有時候也可以直接給臉蛋「吃」，「裡應外合」，美容效果更到位。

套用雕塑家羅丹的一句話：「生活中不是缺少保養品，而是缺少發現的眼睛。」在我們每天進進出出的廚房裡，藏著許多令人驚喜的保養品。用廚房裡的美容小物呵護肌膚，比起昂貴的專櫃保養品效果不差，而且更加簡單易得。讓自己變美，並不是一件奢侈的事，只要花點心思，就能讓成本降到最低，讓效果放到最大。別懷疑，美麗近在妳眼前！

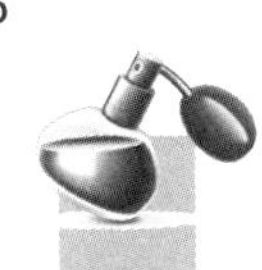

廚房大搜索之寶貝NO.1——食鹽

鹽是廚房裡的必備品，即使妳家沒有其他調味料，但絕不可能沒有一罐鹽。我們平時吃的普通食鹽，只要經過用心調配，就能變成美容妙方，而且具有令人驚豔的神奇效果，讓妳搖身變成玉潔冰清的細滑美人，堪稱廚房保養品的NO.1。

一小罐食鹽，不僅美容效果好，還可一物多用，經過妳的巧手加工，就能變成化妝水、沐浴露、去角質膏、瘦臉霜、護髮素等等，不僅能護膚，還能護髮，當沐浴露使用，能促進全身皮膚新陳代謝，既能美容還能保健，持續使用，就能變身成為肌膚晶瑩剔透的嫩白美人。

食鹽化妝水，適合油性肌膚的美眉

食鹽有非常好的潔膚效果，能夠清除皮膚表面的角質和汙垢，還有殺菌的效果，最擅長對付粉刺和頑固的「黑頭」。

用溫水洗臉後，在一小勺細鹽中加三至五滴清水，仔細將鹽和水攪拌均勻，用指尖沾鹽水，從額頭自上而下地擦抹，邊擦邊在臉上畫圈按摩，避開眼睛四周。幾分鐘後，臉上的鹽水就會乾透，呈白粉狀，這時把臉洗乾淨，塗上保養品。每天早晚洗臉後各一次。

在使用食鹽化妝水之前，洗臉一定要認真徹底，如果臉上有殘妝或汗水，是不會有效果的。而且要注意，食鹽化妝水只適合油性皮膚的女孩，乾性和敏感性肌膚的美眉請慎用。

在我的姊妹淘裡，十人差不多八個都有「大臉妹」的苦惱。巴掌小臉人人愛，若要瘦臉，食鹽也許能幫上忙。除了超級的去汙和嫩膚功能，食鹽還有瘦臉作用。

將食鹽抹在右手手指上，用量不妨稍多一些，沿著下頷及右臉頰邊緣由中間往右移動；左手也是同樣的動作，左手指沿下頷及左臉頰邊緣往左移動；左右手交替進行，有節奏地進行五十次左右。再用保鮮膜把抹鹽的部分包起來，用棉質髮帶固定，躺下休息十分鐘後，用清水把鹽沖掉，兩天做一次即可。持之以恆，能讓臉部輪廓擺脫臃腫，更加緊緻清麗。

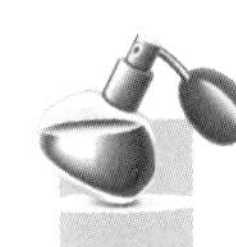

薑鹽的妙用

所謂薑鹽，就是在食鹽中滴入薑汁。薑和鹽的組合在美容功效上不可小覷。薑是一種非常有活力的食材，薑＋鹽能促進血液循環，加速新陳代謝，讓肌膚更加柔軟細膩，像嬰兒一樣滑溜溜、粉嫩嫩的。

不過，薑鹽只能塗抹於身體部位，千萬不可用於臉部。沐浴時，先把身體打濕，用掌心沾取薑鹽，在肘部、膝蓋、腳後跟等角質層比較厚、肌膚比較粗糙的部位輕輕打磨揉搓，等肌膚微微發熱後，用清水沖洗乾淨，效果立竿見影。

因為鹽具有殺菌消炎的作用，所以在盛夏酷暑的日子裡，洗澡時可直接在腋下抹一點細鹽。平常出門時，用化妝棉浸潤淡鹽水隨身攜帶，隨時用來除去腋下的汗水，可以避免因天熱流汗導致身體出現汗味的尷尬情況。

有的年輕美眉背部容易長青春痘，穿小禮服和露背裝時就免不了尷尬問題。想要擁有美麗的「背影」，鹽就能派上用場了。先洗個熱水澡，讓身體充分溫熱，待背部毛孔充分張開後，多抹點鹽在背上。

使用柔軟的刷子按摩一分鐘，不要太用力，只要讓皮膚上的鹽均勻抹遍即可。接著用海綿沾淡鹽水貼在背部，十分鐘後用清水沖淨。用鹽清潔過的背部，立刻能體驗到清透潔淨的感覺，似乎被油脂堵塞的毛孔都能自由呼吸了。這種方法不但能緩解背痘的情況，還能抑制日後再冒出痘痘，讓妳的背部肌膚一直細膩光潔。

2 食用油變身「黃金美容液」

可以吃的保養品

有個神奇的說法：即使妳什麼都沒有，只要有瓶油，皮膚就能細膩，頭髮就會順滑，身材也會窈窕美麗。

什麼油這麼誇張？就是橄欖油。

橄欖油具有非凡的美容功效，所含多酚成分有抗氧化作用，能避免細胞老化帶來的色斑和皺紋。特級橄欖油呈現淡淡的金色，質地純淨清澈、清爽不黏，富含維生素A、D、E、K、F，擦在皮膚上，夏可防曬，冬可防凍。水性特質令它特別易於吸收，在皮膚上擦一點點，輕輕按摩就能迅速與皮膚融合，這點是其他天然油脂完全不能相比的。

橄欖油對皮膚的滋養非常溫和，可迅速使皮膚柔嫩，煥發光澤，讓皮膚變得更年輕有彈性，而且還沒有化學化妝品的副作用。西方很多女性都推崇橄欖油為美膚極品，效果好又天然。美容專家及營養學家都很推薦，譽其為「可以吃的保養品」。

如果不小心被燙傷或燒傷，擦一點橄欖油，有抗發炎、滋養皮膚、促進生長的作用，而且對於減輕痘痕、疤痕和孕婦妊娠紋都有明顯效果。

在中世紀的歐洲，上好的特級橄欖油一直是貴族的美容用品，平民是消費不起的。現在橄欖油的價格雖然也不便宜，但非常耐用，只要使用方法正確，一瓶橄欖油能用好久，既能護膚又能護髮、護唇、美甲……物超所值啊！追求雪膚美女境界的美眉，一定要準備一瓶。

姊妹們選擇橄欖油時請注意，一定要選擇特級冷壓橄欖油（Extra Virgin Olive Oil），也就是在低於45℃的條件下，將橄欖油果實透過物理機械直接壓製的初榨橄欖油，可確保橄欖油的品質天然純正，營養成分不流失。通常，冷壓橄欖油標籤上會註明「Cold Pressed」或「Cold Extracted」，購買時請留意。

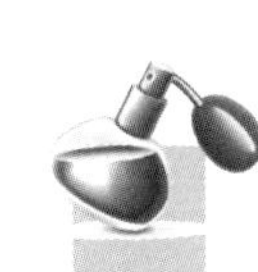

從上至下，呵護每一寸肌膚

橄欖油中含有多種易於被皮膚吸收的脂溶性維生素，幾乎可以用在身體的任何部位。

橄欖油在改善髮質方面有出色的效果，洗髮後，像使用護髮素一樣，把頭髮分成一綹一綹的，抹上橄欖油滋養頭髮，一個小時後清洗乾淨，頭髮會變得飄逸閃亮。梳頭前在梳子上滴三、四滴橄欖油，也能使頭髮柔順有光澤，而且不會使頭髮油膩。

有的姊妹們髮質還好，只是髮尾部分有點發黃或分岔，這時可以把橄欖油抹在髮尾上，用熱毛巾包捲髮尾，熱敷十分鐘，給頭髮補充營養，發黃和分岔的髮尾就消失啦！這種護髮方法，可比在美容院護髮省錢多了，不用又蒸又燻地浪費時間，而且效果一點也不遜色哦！

橄欖油還是「熊貓眼」的剋星，在眼周抹少量橄欖油，用中指和無名指按摩眼部十分鐘，每天早晚各一次，可以消除黑眼圈和眼袋，能讓眼睛更加明亮有神采；對付惱人的魚尾紋，可以用兩滴橄欖油加上少許蘆薈膠，拌勻後抹於細紋處，一塗上去立刻就吸收了，很快就看不出紋路了；每天晚上洗完臉後，用一把柔軟的小刷子或棉花棒，沾少量橄欖油，仔細刷潤和養護睫毛、眉毛，可以令妳眉睫漆黑閃亮，變成電眼美人。

每晚睡前，用熱毛巾敷一下嘴唇，再用化妝棉沾一點橄欖油覆蓋嘴唇，簡單唇膜能為嬌嫩的雙唇保濕，令嘴唇晶亮性感，隔天起來粉嫩動人，還不用擔心會吞下含鉛的唇膏。這個保養方法尤其適合每天都要化妝塗口紅的人。如果嫌麻煩，可以用棉花棒沾橄欖油塗唇，也有很好的效果。

上妝和卸妝時，也能使用橄欖油。不知姊妹們是否有過這樣的感受，在天氣乾燥的季節，每次上完定妝粉，眼角等一些部位的細紋總是特別明顯。擦粉底液時，先在手心中滴一滴橄欖油，再擠上粉底液，調勻後塗在臉上，皮膚就會變得潤澤，膚色閃耀健康光采，接著再上定妝粉，小細紋都無影無蹤了，這是我多年來屢試不爽的成功經驗。

卸妝時，在化妝棉上滴兩滴橄欖油，可以把頑固的彩妝卸除，包括標榜可防水的化妝品，一樣卸得清潔溜溜。

把彩妝卸掉後，用溫水把臉洗淨，拍乾，再用化妝棉沾橄欖油，遍抹於臉上，經過十到十五分鐘後，用熱毛巾敷臉，能讓皮膚光滑亮澤，看起來吹彈可破，無比嬌嫩。

每次做完家事，用橄欖油滋潤和按摩雙手五分鐘，可以緩解清潔劑等化學用品對肌膚的傷害，保持雙手白嫩柔軟。用橄欖油按摩指甲，指甲色會變得晶瑩剔透，令纖纖玉手更加細緻。

用橄欖油按摩小腹，能消解堆積在腹部的脂肪，恢復腹部光潤平坦。如果腹部有妊娠紋，取一匙橄欖油塗在妊娠紋處，輕輕按摩，持之以恆就能消除妊娠紋，或使之顏色變淺。

如果腿部的毛孔粗大、皮膚粗糙，每天用橄欖油輕輕按摩，很快就能見效，讓妳擁有一雙閃動著迷人光澤的美腿，穿超短裙也不怕啦！

有人說「腳年輕，人就年輕」。每次洗完腳後，用少量橄欖油反覆按摩雙腳，有利防止腳部皮膚的黃化、老化、硬化，按摩後再次洗乾淨，塗上保養品輕輕按摩，一雙玲瓏玉足，漂亮到六十歲絕對沒問題。

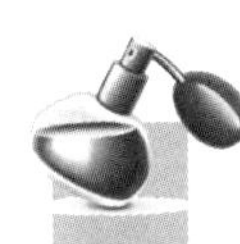

橄欖油「膜法」

我們已經知道橄欖油對皮膚的保養功效非常多，能抵禦紫外線、美白、去斑、除皺、保濕……哇，真是太全能了！如果把橄欖油與其他美膚成分組合在一起，DIY各種功效的面膜，美膚效果將更勝一籌。根據各人所需，一起來領略神奇的橄欖油「膜法」吧！

如果妳想美白──橄欖油＋糖

將一匙橄欖油和少量砂糖混合，放入面膜紙浸透敷於臉上，每週三次，不但有顯著的美白效果，還能收縮毛孔。

如果妳想去斑──橄欖油＋蜂蜜

把一匙橄欖油加熱至37℃左右，加入適量蜂蜜，把面膜紙浸透取出，敷臉約二十分鐘，可防止皮膚衰老，潤膚去斑，特別適合乾性皮膚的美眉。

如果妳想除皺——橄欖油+鮮奶+麵粉

在一大匙鮮奶中加入四到五滴橄欖油和適量麵粉，調勻後敷在臉上，這個面膜具有收斂作用，長期使用能夠消除皺紋，增加皮膚的活力和彈性，使皮膚清爽潤滑。

如果妳想抗老——橄欖油+香蕉

把一根香蕉壓成泥狀，在搗碎過程中加入少量橄欖油，攪拌均勻後敷臉，每週兩次，可以讓肌膚細嫩光滑。

如果妳想保濕——橄欖油+玫瑰精油

將一匙橄欖油和三滴玫瑰精油調勻，將面膜紙浸透取出直接敷在臉上，每週三次，能美白保濕。

如果妳想補水——橄欖油+面膜紙

補水面膜最簡單了，將橄欖油加熱至37℃左右，將面膜紙浸透取出，敷在臉十五分鐘後取下，能為皮膚充分補水。

以上的各種「膜法」，我曾經花一週時間逐一試驗，那皮膚……讓我真想出門去炫耀，妳不妨也試試吧！

3 吃不夠的醋——阿嬤的美容祕方

「醋勁」十足的洗臉水

有時候我會突然迷惑，我們身處的時代，科技發達，資源豐富，各種專櫃保養品多不勝數，花了這麼多錢，有時仍無法得到自己理想的保養效果。那麼舊時的女子，祖母那一代人，年輕時又是如何讓臉蛋變漂亮？她們用了些什麼美容用品呢？

其實，阿嬤們最擅長以生活中常見的東西來保養自己。其他的先不說，就說說我家阿嬤的美容寶貝，那就是——醋！

醋有良好的美肌效果，因為它的主要成分是醋酸，有很強的殺菌作用，對皮膚、頭髮具有一定的保護效果，還含有豐富的鈣、胺基酸、維生素B、乳酸、葡萄酸、琥珀酸、糖、甘油、醛類化合物，

以及一些鹽類，這些成分對皮膚保養極其有用。

用醋美容，最簡單的方法莫過於用醋洗臉了。醋有很好的清潔殺菌作用，現代女性每天忙忙碌碌，空氣中的灰塵、汽車廢氣等很容易沾染肌膚，用醋洗臉能避免有害物質氧化臉部肌膚，做足抗氧化工作，肌膚就不容易衰老。

醋還可以美白、去痘、去斑。膚色黝黑的美眉，洗臉時在水中加一點醋，久而久之，皮膚就會變白，這是經過實驗證明的。

用醋洗臉最好選擇白醋。每天洗臉時，在臉盆裡滴五到七滴即可。把醋和水調勻後潑到臉上，或乾脆把臉浸入臉盆。約一分鐘後，把水倒掉，再開始一般的洗臉程序。每週一到兩次，持續一個月，這醋勁十足的洗臉水，一定會給妳無比驚喜。

當醋遇上豆

現代科學研究發現，醋可以軟化血管、降血脂、降血壓、瘦身美容、殺菌抗癌……它的保健功能越來越受到重視。前面曾提到，黃豆是女性補充雌激素的聖物，那麼如果醋和黃豆一起吃，會不會有獨特的營養作用呢？

是的，醋豆已經成為風靡世界的保健佳品。每天吃幾顆用醋浸泡的黃豆，瘦身和美容的效果非常明顯，不但能減肥，還能調整膚色。身材和皮膚都受益的好食物，還不快試試看！

醋豆的做法很簡單：把黃豆洗淨，放入乾淨的寬口瓶，將醋倒入瓶中淹沒黃豆。注意，黃豆不能裝滿瓶子，只能裝一半，因為第二天，妳就會發現豆子膨脹起來了，這時再加醋淹沒黃豆，重複兩、三次，直到豆子不再脹大為止，五天以後就可以吃嘍！

如果不急著吃的話，浸泡十五天會更好。這樣的醋豆每天吃五到十五顆即可，長期食用必然見效。

黑豆具有益氣養血的功用，用醋浸泡黑豆，每一顆黑豆都飽滿光澤，口感比黃豆更好。

用黑豆做醋豆，必須先過炒一下。把黑豆洗淨，放入平底鍋內，以中火炒乾黑豆的水分，轉小火炒至黑豆表皮裂開，冷卻後裝入乾淨的容器裡，倒入醋，完全淹沒黑豆。將容器密封起來，放置陰涼處或冰箱冷藏，七天後就可以吃了。

每天吃一小碟醋泡黑豆，妳會發現不但氣色變好了，頭髮也會越來越黑、越來越有光澤。不過，醋泡黑豆美膚美髮的方法並不是立竿見影、一吃就黑，食養需要一個長期的過程，只要持之以恆，保持良好的生活方式，一定會越吃越健康，越吃越美麗。

當醋遇上蜜

有一次看到某個養生節目，採訪一位六十多歲的阿姨，看起來只有四十多歲，特別是皮膚，依舊嫩白細膩。哪個女人不想「活到老，美到老」？所以我特別認真地守著電視，仔細看了阿姨介紹的美容祕方。

阿姨的祕方是醋和蜂蜜的組合——

在溫水中加一匙蜂蜜，再加一匙陳醋，攪拌均勻就可以了！看似簡單但貴在堅持！這個美容祕方，阿姨服用了二十多年，最關鍵的是要在早上五點到七點之間飲用最好。

早晨引用一杯蜂蜜醋水，可以清潔腸胃，補充夜間肌膚失去的水分，還能確保體內血液不至於因缺水而過於黏稠，因為血液黏稠會使大腦缺氧，導致臉上色素沉澱，使容顏提前衰老。

當醋遇上玫瑰

醋遇上玫瑰等於什麼？當然是玫瑰醋囉！當玫瑰遇到了天然米醋，經過適當的浸泡，一瓶玫瑰醋就誕生了。

天然的玫瑰花，充滿淡雅花香，配上健康的醋，淺嚐一小口，酸酸甜甜，舌尖中有一股清新的淡淡甜香，非常怡人。初試健康醋的人，可先選擇這類花草醋。

玫瑰＋醋，能夠促進人體的新陳代謝，調節生理機能，減少疲勞感，使肌膚看起來更年輕，非常適合忙碌的都市粉領。對女性來說，還具備緩解生理期不適的作用，更有養顏美容的神奇效果，使妳輕鬆擁有粉嫩好氣色。

現在很多地方都有販售現成的玫瑰醋，也可以自己在家裡DIY。準備一瓶白醋，乾燥玫瑰花二十至三十朵，將玫瑰放入醋瓶，蓋緊蓋子，在陰涼乾燥處放置七天左右就可以了。玫瑰醋可以兑水直接喝，也可以加點蜂蜜，還可以調入牛奶、豆漿、果汁中，不僅能創造截然不同的風味口感，而且營養價值加倍，只要喝一杯就能同時擁有瘦身、美顏、養生的功效，一定要試試！

在各種版本的混搭中，我最偏愛的是綠茶＋玫瑰醋。綠茶中含有的兒茶酚，能夠加速脂質代謝，燃燒脂肪，是食物中的瘦身明星。調製方法也很簡單，只要在沖泡好的綠茶中加入一匙玫瑰醋就可以了，綠茶的口感清爽，與玫瑰醋十分對味，相信妳一定會喜歡的。

這個玫瑰醋，雖說是用來飲用的，其實外敷的效果也不錯哦！將玫瑰醋以一比三的比例兑上礦泉水，浸泡面膜紙，一週敷兩次，發黃的皮膚就會漸漸透白了。醋有很好的美白效果，而玫瑰可讓氣色變得更紅潤，所以常敷玫瑰醋面膜，效果真是應了那句話——白裡透紅，與眾不同。

4 糖罐子裡的美容經

最甜蜜的保濕品

我們平時裝在罐子裡的糖，如果密封不嚴實，特別容易潮濕結塊，這是因為糖吸收水分的功能極強。用於護膚，保濕滋潤最好，以糖滋養肌膚，能夠令肌膚柔軟細嫩。專櫃保養品中常見的保濕成分，比如「玻尿酸」，其實也是醣（糖的大類）的大家族成員之一。

糖中含有豐富的維生素B1、B2、B6及維生素C，可說是一種天然的美白保養品，而且還有較強的抗氧化功效，對抗肌膚衰老具有明顯的效果。在我親自試用過的所有廚房調味料做的天然保養品中，糖的美白效果最好！

廚房裡使用最多的糖，大概就是白糖和紅糖兩種了。白、紅糖各有不同的美容效果，白糖最主要的功能是美白和去痘疤，而紅糖除了美白外，更有排毒、活血、暖身等等功效，姊妹們可以根據自己的需要來選擇。

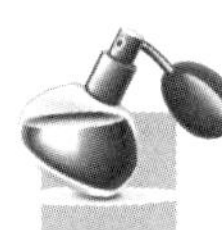

一週解決痘痘的後顧之憂

白糖是很好的傷口癒合劑，能夠促進皮膚的癒合和更新，所以對去痘疤有很好的效果。以下為姊妹們介紹幾種方法，看看如何能利用白糖美膚。

第一種方法：白糖按摩去痘疤。用洗面乳洗完臉後，取適量白糖放在手心，稍微滴幾滴清水溶解，在臉上有痘疤的地方輕輕按摩，兩分鐘後用清水洗去，大功告成。需要注意的是，白糖要選顆粒比較細的糖粉，因為白糖是顆粒狀的，類似磨砂顆粒，顆粒太大容易對皮膚造成傷害，且按摩時不能太用力，免得令肌膚產生疼痛感。

第二種方法：洗臉時直接在洗臉水裡放一點白糖，用這種含糖的水來清潔臉部，也有去痘疤的效果。需要注意水溫，一定要用溫水，才能既幫助白糖快速溶解，也能徹底清潔肌膚上的油汙。每天早、中、晚各洗一次，一段時間後會發現不但痘疤越來越淡，皮膚也變得滑溜。這種方法簡便易行，但貴在持之以恆。

第三種方法：白糖水塗抹去痘疤。取乾淨小瓶裝入一點白糖，再加少量的水，調出高濃度的糖水，每天洗完臉後用棉花棒沾一點塗到痘疤上即可。這個方法的優點是較方便，不受時間和地點的限制，缺點就是剛塗上時皮膚會有一點黏膩的感覺。

第四種方法：DIY白糖美白洗面乳。選擇一款適合自己的美白洗面乳，洗臉時加一點白糖粉，再加上一點點水揉搓均勻，按照平時的方式清潔臉部。這種方法也很簡單，只是在平時的洗臉方式中加一個小步驟，長期下來就能讓臉蛋美白光潔，暗沉、泛黃和痘疤都不見了。

白糖美膚法適用於任何膚質，尤其是針對有痘疤的、皮膚粗糙、毛孔粗大、黑色素沉澱比較嚴重的皮膚，大約一週就能看到美白效果，但敏感性肌膚慎用。還有一點要特別提醒姊妹們，我們說的是白糖去痘疤，可不是去痘，有痘痘時，千萬別用這種方法，會適得其反。

據說，日本江戶時代，京都有一名藝伎，不僅舞藝高超，更因其皮膚潔白、臉無瑕疵而名噪一時。後來，同伴們發現她每天休息時經常飲用紅糖水或用紅糖敷臉，於是紛紛仿效，不久果然發現身體備感舒適，皮膚也變得光潔柔嫩了。自此，這一特殊的美容方式在日本女性之間流傳開來，大受青睞。

紅糖中富含多種人體必需的胺基酸，還有鐵、鈣等微量元素，特別適合女性用來養顏美容。對各年齡層的女性來說，紅糖都是一種很好的選擇。比起昂貴的專櫃保養品，紅糖絕對是價廉物美的美白好物。

在中國，紅糖排毒補血的作用人人皆知。中醫認為，紅糖性溫、味甘、入脾，具有益氣補血、健脾暖胃、緩中止痛、活血化瘀的作用。所以產婦、生理期身體不適、大病初癒者，都可以用紅糖療虛進補。

紅糖具有很強的解毒能力，能將過量的黑色素從真皮層中導出，並透過淋巴組織排出體外，這就是紅糖可以美白肌膚的原理。除此之外，紅糖還富含胡蘿蔔素、核黃素、菸鹼酸、胺基酸、葡萄糖等成分，對細胞具有強效抗氧化及修護的作用，能使皮下細胞在排除黑色素後迅速生長，徹底達到持續美白的效果。所以說，美容達人們也會將紅糖外用，製成各種功效的面膜。

將紅糖放入小鍋裡，加少量礦泉水、麵粉，小火煮成糊狀，放置稍涼後敷臉，五到十分鐘後用溫水洗淨，能使皮膚變得光滑細緻，淡化斑點。

將紅糖用熱水溶化，加入適量鮮牛奶或奶粉，沖調後敷臉，半小時後以溫水洗淨，美白的效果很明顯。持續每天敷一次，三個月後能讓皮膚水嫩得令妳捨不得離開鏡子。

5 妳請臉蛋「喝」過酒嗎？

紅酒——專屬女人的酒

一派優雅的窈窕女子，在自己家中穿著長裙，光著腳丫，纖纖玉手塗著鮮豔蔻丹，拿著清透的水晶杯，坐在陽臺上的籐椅中，慢慢晃動著杯中紅豔的液體，抿著紅唇輕輕啜飲，女人的柔媚和醇美酒香結合在一起，女人被紅酒襯托得完美無瑕，這是一幅多麼賞心悅目的場景！

所以說，紅酒是屬於女人的酒，只有女人才能綻放出如紅酒一樣醉人的美。

美容達人大S徐熙媛曾出過一本《美容大王》的書。關於紅酒，她這樣說：「有段時間我正在拍戲，但是每天收工後我都敷紅酒面膜，結果發現，我臉上原本因為拍戲勞累在額頭長的一些過敏的小東西，竟然因此消失了！而且臉也變得更飽實、更明亮！一天一天敷，效果也一天比一天強，我終於瞭解紅酒面膜改善的是肌膚整體！」

不僅是大S，很多明星都對紅酒美容法推崇有加。紅酒為什麼能得到明星們的偏愛？說起來紅酒也當之無愧，因為它確實好處多多。

釀造紅酒的原料——葡萄，果肉中含有超強抗氧化劑SOD（Super Oxide Dismutase，超氧化物歧化酶），能中和身體所產生的自由基，保護細胞和器官免受氧化。臉上所有的肌膚問題，斑點、皺紋、肌膚鬆弛等，都與氧化有關。而紅酒是一種抗氧化劑，能幫助肌膚對抗衰老，令肌膚緊緻有彈性，恢復盈白光澤。

紅酒不但能美容，還能瘦身，而且對健康大有好處。每公升紅酒熱量約五百二十五卡，這些熱量只相當人體每天平均需要熱量的十五分之一。飲用後，紅酒能直接被人體吸收、消化，在四小時內全部消耗而不會使體重增加。所以經常喝紅酒的人，不僅能補充人體需要的多種營養素，而且有助於瘦身。有輕微貧血的女性可適當飲用紅酒，能夠養氣活血、美容養顏。另外，紅酒還能降血壓、降血脂，常喝紅酒的人不易得心臟病。

紅酒雖然好處多，味道佳，但畢竟含有酒精，也不可多喝，每天飲用兩百毫升左右即可。喝紅酒的最佳時間是在晚上七點至九點半，這個時段，人體肝臟中乙醇脫氫酶的活性升高，能分解乙醇，促進酒精代謝，但越是深夜，肝的解酒能力越低。因此，美酒雖好，卻不宜晚飲，不如早一點喝，在微醺之中漸入夢境。

紅酒中蘊含的各種營養素，除了飲用可以美容以外，紅酒中低濃度的果酸還有抗皺潔膚的作用，因此紅酒外敷的美膚功效也很優。

我個人的心得是，紅酒面膜對改善膚色暗沉比較有效，還可以淡化色斑，對抑制油脂分泌也有很好的效果。紅酒中的果酸能夠去角質，促進新陳代謝。油性皮膚或有色斑的美眉，一週使用一、兩次紅酒面膜，可讓皮膚變得乾淨潤澤。當然，不能指望用一、兩次就能看到效果，必須持之以恆才行。

紅酒面膜製作起來很簡單：選一杯紅酒和一張面膜紙，面膜紙放入碗裡，倒入紅酒浸泡。等面膜紙吸收紅酒後，用乾淨的手打開面膜，敷在臉上。面膜的水分半乾時即可剝除，敷的時間不宜過久，否則乾透的紙膜反而會吸收皮膚的水分。用清水把臉洗乾淨，用指腹輕輕按摩臉頰，就能去除臉部死皮，使皮膚更加淨透，提高肌膚吸收保養品的能力。

如果想讓紅酒美膚功能更升級，可以在酒裡加點「料」。在一小杯紅酒中加二至三小匙的蜂蜜，調至濃稠狀來敷臉，半乾時用溫水洗淨，蜂蜜能強化紅酒的保濕和滋養功能，讓臉蛋更加水嫩。如果在紅酒蜂蜜面膜中，再加入一點珍珠粉，既能保濕美白又能緊緻肌膚。

有一點要注意，對酒精過敏的美眉不能用紅酒面膜，而且紅酒面膜最好在晚上敷，如果白天使用的話不要出門曬太陽，否則會加速肌膚老化。

法國人還發現了一種紅酒美容方法，那就是洗紅酒浴。在浴缸裡倒入葡萄酒，把身體完全浸入，浸泡一會兒後，用雙手輕輕按摩全身，搓揉至肌膚微微發熱，這時人會感到非常輕鬆舒服，出浴後肌膚柔軟細嫩，紅酒洗澡水真不愧為「美人湯」啊！

洗紅酒浴時要注意水溫不能太高，因為紅酒中的營養成分如維生素、果酸等在高溫下容易變質或流失。出浴後，必須用清水將身體徹底沖洗乾淨，否則酒精殘留在肌膚上，會在揮發時帶走肌膚的水分。

清酒護膚，人更清雅

關於護膚，每個國家的女性都有一些自己的獨門妙法。網上曾經流傳過一句話：「台灣女子愛大米，日本女子愛清酒。」關於米，我們稍後再談，先說說清酒。

清酒起源於日本，很早就在美容護膚方面佔有一席之地。

清酒之所以有美膚的效果，主要是因為它含有十八種胺基酸和蛋白等多種營養素，能夠讓皮膚「喝」到足夠的營養。而且清酒的酒精含量非常低，不會刺激皮膚，並且能

深入清除毛孔中的汙垢，促進臉部血液循環，肌膚自然白裡透紅。

清酒的主要原料是米糠，具有很強的保濕能力，能夠持續令肌膚保持濕潤。所以將清酒製成化妝水護膚，穀糠素就會滲入皮膚，改善乾燥狀態。

DIY清酒化妝水的方法很簡單：找一個乾淨的小噴霧瓶，倒入適量清酒，加入兩倍的純水，使水和酒均勻混合在一起。洗完臉後，直接噴在肌膚上就行了，無須再用水沖洗。沒用完的可以放進冰箱，冰鎮過的清酒化妝水還有收斂肌膚、收縮毛孔的功效。

清酒在釀造過程中會發酵，形成麴酸，麴酸能夠抑制黑色素形成，對皮膚有一定的美白效果。根據清酒的特性，可以DIY清酒美白潤膚乳，效果絕對不會輸給專櫃級保養品，成本卻相當低廉！

準備一瓶清酒和一個小鍋，取少量清酒倒入鍋中加熱，讓酒精完全揮發，直到聞不到酒味為止。待酒冷卻後，以一比一的比例加入平時使用的潤膚乳液，普通的潤膚乳液就變成有美白效果的保養品了。

在寒冷的冬天洗清酒浴，還能讓全身的肌膚也變得更加潤澤細滑。在40℃左右的水溫中加入少許清酒，泡二十分鐘就可以了。加了清酒的浴湯能夠促進全身血液循環，幫助身體排毒，還有助於減輕老人斑等皮膚狀況。

啤酒，收縮毛孔有奇效

歐洲有一位美容師，名叫薇洛妮卡，六十多歲的年紀看起來卻只有四十歲左右，她的護膚祕訣就是啤酒。這個方法來自她母親的言傳身教。薇洛妮卡的母親堅持每天用啤酒洗臉兩分鐘，數十年不曾停止，她臉上沒有一點皺紋，皮膚細嫩無比。而薇洛妮卡個人在試用過很多種啤酒後認為，口味醇厚的啤酒的美容效果最好，因為它的發酵程度與其他口味的啤酒不同，而且不含碳酸鹽。

奧斯卡影后、著名的好萊塢女星烏瑪・舒曼也很喜歡用啤酒護膚，她在接受採訪時說：「我每天午餐時會飲用一百五十毫升的山楂汁；晚餐時則會喝一杯啤酒。山楂能夠增強消化功能，含有豐富的維生素，能夠有效增強人體免疫力；啤酒中還含有大量的維生素B、糖和蛋白質，適量飲用可以幫助減少臉部皺紋。」

確實，啤酒中含有多種維生素和礦物質，這些營養素都是皮膚喜歡的，具有滋養和補水作用，能夠改善皮膚狀況，有效抗衰老，使粗糙的皮膚變得細膩、柔滑，而且對臉部皮膚問題，比如面皰等也有一定的療效。

啤酒美膚行動，在妳一天的任何時間裡都可以實行，絲毫不麻煩，只需要在日常護膚程序中稍微「動點手腳」就可以了！

早上起床，可以用啤酒來洗臉：將一小杯啤酒倒入洗臉水裡，一邊洗臉一邊輕輕按摩臉頰，直至臉部微微發紅為止，再用洗面乳將淡淡的啤酒味道洗淨就可以了。用啤酒洗臉能夠讓肌膚更加光采動人。

中午用啤酒做面膜來敷臉：午休時，不妨做個啤酒面膜，讓一上午被電腦輻射和粉塵汙染的疲憊肌膚放鬆一下。在面膜碗中倒入啤酒，將醫療用紗布浸入啤酒裡約三分鐘，將紗布稍微擰乾，避免太濕導致啤酒流到脖子上，展開後敷在臉上半小時。敷臉過程中若紗布乾了，可以反覆在啤酒中浸泡，保持紗布的濕潤。

啤酒中的啤酒花是一種清涼劑，能緊緻肌膚，收縮毛孔。每星期敷一、兩次啤酒面膜，肌膚會一天比一天更光滑有彈性，實現零毛孔美肌。試試看，取下紗布後一定有驚喜等著妳！

晚上洗頭洗澡時，做個啤酒護髮水：啤酒美髮的效果，許多美容達人都知道。啤酒能滋養髮質，用啤酒護髮，秀髮能變得更柔順有光澤，更好梳理，還能去除頭皮屑。

洗澡前，先把一瓶啤酒在熱水裡燙溫，濕潤頭髮後，將溫啤酒倒在頭髮上，輕揉頭髮十五分鐘，之後用溫水沖洗，最後用洗髮精洗淨，啤酒去屑、緩解頭皮搔癢的效果很明顯。如果在啤酒中再加入兩匙檸檬汁，能令秀髮更添光澤，讓髮絲看起來健康強韌，人也好像年輕許多呢！

6

內飲外用的養顏「蜜方」

找到屬於妳的那瓶蜜

唐玄宗時有一位永樂公主，留下了很多關於美容養顏的傳說，而且大多數都是醜女變美女的傳奇。據說她自製了多種保養品，為此還開闢了一個園圃，專門種植各種香料花草，其中僅供製作胭脂口紅的植物就高達二、三十種。我猜這位公主一定是天資並不很美，但精通養顏和化妝，成功變身為美女，才會留下這麼多神奇的故事。

其中有一則傳說是關於蜂蜜的。大家都說永樂公主雖然久居宮廷，生活優渥，但卻面容乾癟、肌膚不豐。陝西進貢了特產桐花蜜，很合公主口味，經常泡茶飲用，竟然慢慢變得肌骨瑩潤、丰姿綽約，與之前判若兩人。

後來人們發現，桐花蜜能夠明目悅顏，使「老者復少，少者增美」，也就是說使年老的人變年輕，年輕的人更美麗。蜂蜜的營養成分完整，食用蜂蜜可以很快改善人的體質，所謂「秀外必先養內」，身體健康了，容顏自然也會發生好的變化。而且蜂蜜也是一種抗氧化劑，能清除體內的自由基，因而有抗衰老和美膚的作用。

對於有痛經症狀的姊妹，在甘菊茶中加入一小匙蜂蜜，就是最天然的止痛藥，能快速地緩解痛經和生理期的各種不適。

當妳為了加班熬夜昏昏欲睡，感到體力不支時，一杯蜂蜜水能立刻為妳充電，快速補充能量。在瘦身減肥期間，如果實在抵禦不住甜點的誘惑，可以用蜂蜜代替其他糖類，蜂蜜能加速新陳代謝，可在減肥期間做為甜點，但還是要注意適量哦！

著名的美容專家尼可中說自己每天早晨起床都喝蜂蜜水，喝了二十年，這個方法如果能持之以恆，必然是對身體和肌膚最有效的溫潤、排毒之方。

飲用蜂蜜，一定要學會挑選品質優良的好蜜，弄清每種蜜的箇中功效，找到最適合妳的那瓶蜜！

接下來為各位介紹幾種常見的美容蜜，這幾種蜜在美容養顏方面各有千秋，大家可以根據自身體質和需要選擇。

百花蜜：顧名思義，這種蜜採於百花叢中，集百花之大全，匯百花之精華，具蜂蜜的清熱、補中、解毒、潤燥、收斂等功效，是傳統蜂蜜品種。

桂花蜜：甜香的桂花蜜是稀有蜜種。採自冬天開花泌蜜的野桂花花蜜，香氣馥郁溫馨、清純優雅，味道清爽鮮潔，甜而不膩，色澤水白透明，結晶細膩，被譽為「蜜中之王」，在古代一直是進貢皇宮的貢品。

益母草蜜：益母草蜜充滿了對女性的呵護。有去瘀生新、調經活血等作用，是月經不調、經血過多，或剛剛生產的姊妹的不二首選。

雪脂蓮蜜：雪脂蓮開花時，值百花蕭殺，唯其獨芳，其蜜晶瑩剔透，清涼皎潔，結晶細膩如脂，令人望而生津，有健美肌膚、滋容養顏的功效。

野玫瑰蜜：野玫瑰花蜜在芳香蜜種中堪稱一絕，其味薄而醇，細品之，被譽為「蜜中貴婦」，有提神醒腦、調理內分泌的功效。

天然美膚「蜜方」

蜂蜜不僅僅可以內飲，外敷也有很好的美容功效，這已經是經過無數人驗證過的不爭事實了。

蜂蜜大概是我最早用過的天然美膚品了，在十三、十四歲時，就經常學著姊姊的樣子，自己調製蜂蜜蛋白面膜擦在臉上。

蜂蜜的滋養效果適合任何年齡層的女性，還可以根據自己的需要在蜂蜜中加入蛋白或珍珠粉等，滋養保濕之外還加強其他的美膚功效。

用蜂蜜調配面膜，至少能夠調配出十幾種不同美膚功效的面膜，一起來看看吧！

蜂蜜＋雞蛋＋橄欖油

這一款蜂蜜面膜最適合舒緩秋冬時的肌膚乾燥。將適量蜂蜜與一顆生雞蛋混合均勻，再加入少許橄欖油，敷在臉上十分鐘後用溫水洗淨，能有效去除死皮、緩解脫皮狀況，讓肌膚細滑水潤。這款面膜一週敷一次，或在肌膚感到非常乾燥不舒服時，用於救急，能夠立刻緩解皮膚的刺痛和乾癢。

蜂蜜＋葡萄汁

將蜂蜜和葡萄汁以一比一的比例混合，加入適量麵粉粉，攪勻。洗乾淨臉後敷於臉部，十分鐘後用溫水洗淨。這款面膜特別適合油性肌膚的姊妹，常用可使皮膚柔嫩滑潤。

蜂蜜＋優酪乳

蜂蜜和優酪乳以一比一的比例拌在一起，塗在臉上，十五分鐘後用溫水洗去即可。這款面膜能夠清潔肌膚，收斂毛孔。

蜂蜜＋小黃瓜汁

取新鮮小黃瓜汁加入蜂蜜適量，調勻後敷臉，二十到三十分鐘後洗淨，有潤膚、增白、除皺的作用。

蜂蜜＋番茄汁

先將番茄榨汁，加入適量蜂蜜和少許麵粉調成膏狀，敷於臉部，二十到三十分鐘後洗淨，能夠清潔和美白肌膚。

蜂蜜＋檸檬汁

生雞蛋一個、蜂蜜一小匙、檸檬半顆榨汁、麵粉適量，混合後攪拌成膏狀，敷在臉上可以當睡眠面膜使用，第二天用溫水洗淨，有很好的防曬作用。

蜂蜜＋甘油

蜂蜜一匙、甘油一匙、水兩匙，均勻混合拌成面膜膏，塗在臉上和脖子上，形成薄膜，二十分鐘後將面膜洗淨即可。這款面膜對乾燥的肌膚有很好的滋養和保濕效果。

蜂蜜＋玫瑰

在蜂蜜中加入幾滴玫瑰水或玫瑰精油，再加入適量燕麥粉混合調勻。洗臉後敷於臉上，半小時後洗去，早晚各一次，有明顯的去斑效果，連續敷幾天後就會感覺斑淡了很多。

除了做面膜，蜂蜜還有一些另類用途，比如在嘴唇乾燥脫皮時，用熱毛巾敷一下，再把蜂蜜塗在嘴唇上，就可以把買唇膏的錢節省下來了。

洗髮時在髮尾抹點蜂蜜，幾分鐘後洗淨，能有效緩解頭髮的分叉和毛燥，可以把護髮素的錢省下來。

肘部、膝部的皮膚乾燥時，擦些蜂蜜在皮膚乾硬的部位，半小時後洗淨，即可軟化皮膚，令肌膚重現迷人光澤，可以省下去角質膏的開銷！

7 奶香新體驗，只需一點點錢

喝牛奶，美美美

牛奶可以美容，早就為古人所用。據說牛奶浴始於歐洲皇室貴族，古羅馬暴君尼祿的美豔皇后波蓓婭就是洗牛奶浴的第一人，而青出於藍者是埃及豔后克麗奧佩脫拉；法國宮廷內流行以優酪乳洗臉；還有中國四大美女之一的楊貴妃，也喜歡牛奶浴，這些都說明牛奶在美容史上佔有重要地位。從營養學的角度來看，牛奶也是誰都不能否認的美膚佳品。

不過牛奶可不是專屬王公貴族享用的奢侈飲品，它在人們心中扮演的角色，不僅是有利於身體健康的食物，還是美眉們隨手可得的美膚材料，牛奶的「親民」程度，實在叫人深深佩服。只要是愛美的人，一定都能隨口說出幾個民間口耳相傳的牛奶美膚妙方。

香濃美味的牛奶中含有各種蛋白質、維生素、礦物質，以及豐富的鈣等，特別是含有較多維生素B群，能滋潤肌膚，防裂抗皺，使皮膚光潔白嫩，使頭髮烏黑、減少脫落，牛奶的護膚美容作用是其他食物無法比擬的。

牛奶還具有鎮靜安神作用，因為它含有一種可抑制神經興奮的成分。當妳心情不好或心煩意亂時，不妨喝一杯牛奶安安神，好好睡一覺再說。

在牛奶中加一點蜂蜜，能緩解貧血和痛經。喝完牛奶後再吃一顆桃子，滋養皮膚的功效會加倍。

與牛奶共白皙

眾所周知，喝牛奶、牛奶浴都是通往「膚如凝脂」這一最高境界的捷徑，牛奶能為皮膚提供封閉性油脂，形成薄膜以防皮膚水分蒸發。另外，還能提供水分和營養來滋潤肌膚，所以是天然的最佳保養品。用牛奶自製面膜，是許多美容達人的居家美容法寶哦！

我們都知道，護膚的第一步是清潔肌膚。清潔這一步驟，牛奶也能參與。

牛奶＋精油＋磨砂膏非常容易DIY，是一款非常好用的去死皮磨砂膏。選擇精油時，如果是油性皮膚就選薰衣草精油，中性皮膚選用茉莉花精油，乾性皮膚則可以選玫瑰精油。

將磨砂膏擠出十元硬幣大小，放在掌心，加入少量牛奶和一滴精油，調勻後塗在臉上，按摩約五分鐘，用清水把磨砂膏洗淨即可。磨砂膏中加入牛奶和精油，能幫助軟化皮膚，避免磨砂使皮膚受損。加入薰衣草精油，可幫助肌膚深層清潔，改善油脂分泌；加入玫瑰精油，有高度滋潤功效，發揮抗衰老及除皺作用；茉莉花精油則能補充皮膚水分。

如果在洗面乳中加入牛奶和薰衣草精油，可以防止皮膚的水分被洗面乳帶走，還可預防皮膚過敏。做法：先將五滴薰衣草精油放入一百毫升的洗面乳中，再把洗面乳搖勻。使用時，倒出一元硬幣大小的洗面乳於手心，加入牛奶，在臉上按摩兩分鐘後，再用清水洗淨即可。

牛奶是一種百搭的美膚品，基本上與各種品牌、各種功效的洗面乳都可以搭配，沒有什麼特別的禁忌，在我的護膚程序中，牛奶每天都不缺席，姊妹們也可以放心使用。

如果早上時間充裕，可以做一個牛奶蒸氣臉浴，舒爽的臉龐能令妳容光煥發一整天。

將鮮奶倒入鍋內燒開後，改為小火讓牛奶在鍋內微微沸騰，產生蒸氣，這時把臉靠近沸騰牛奶的蒸氣上面，注意保持一定的距離，閉上眼睛，讓牛奶蒸氣蒸騰臉部，臉上會感到濕潤舒服。根據自己的感覺來訂時間，幾分鐘到十幾分鐘都可以。做過牛奶蒸氣臉浴後，會明顯感覺皮膚紅潤、光滑、柔軟、白嫩，肌膚的疲態一掃而光。

對於臉上有斑的姊妹，我推薦一款牛奶面膜：將四匙燕麥與一大杯牛奶調和，置於小火上煮，等它溫熱時塗抹在臉上。每天敷十分鐘牛奶燕麥面膜，對付雀斑、黑頭等很有效。我通常都是早晨時使用這款面膜，煮一杯燕麥牛奶，少量用在臉上，剩下的喝掉，再吃點麵包和水果，愛美的問題解決了，早餐也解決了，一舉兩得，省時省事。

每個人家中的廚房裡都不缺麵粉，在製作天然面膜時，麵粉常常充當基底材料，牛奶+麵粉是一款非常優質的面膜，特別適用中性肌膚。

如果妳是油性肌膚的年輕美眉，這款面膜也可以做，只需把全脂牛奶換成脫脂的，如果妳是三十到四十歲這個年齡層的女性，一樣使用全脂牛奶。

做法：將三匙牛奶和三匙麵粉拌勻，調至呈糊狀，塗滿臉部，待面膜乾後，用溫水洗淨，改善膚質的作用立竿見影。注意，這款面膜一星期最多只能敷兩次，太過頻繁對肌膚反而不好。

牛奶的姊妹產品優酪乳，其美膚作用不能不提。優酪乳中含有活性乳酸菌，可以深入肌膚，徹底清除毛孔內的汙垢。將兩匙優酪乳、半匙蜂蜜和檸檬汁、一顆維生素E切開取油調和拌勻，塗抹在臉上，大約十五分鐘後用溫水洗淨，肌膚會變得乾淨清透。

牛奶不但能為肌膚補充營養，且因為含有酵素，所以有消炎、消腫及緩和皮膚緊繃的功效。因此，皮膚若因日曬灼傷出現紅腫，可利用牛奶來緩解。把牛奶在冰箱裡冰一下，在臉上敷上浸過冰牛奶的面膜紙即可。享受完日光浴後，全身出現日曬的疼痛感，不妨泡一泡牛奶浴，能舒緩被陽光損傷的皮膚，減少痛楚及防止發炎狀況產生。

牛奶具有收斂肌膚功效，若早晨起床發現眼皮浮腫，可以在牛奶裡加點醋，加冷開水調勻，浸入化妝棉後稍微擰乾，在眼皮上反覆輕按三到五分鐘，再以熱毛巾濕敷片刻，眼皮立刻消腫。還有一個方法更簡單，將兩片化妝棉浸泡在冰牛奶裡，敷在浮腫的眼皮上約十分鐘，再用清水洗淨便可。

經常塗指甲油的美眉，如果疏忽了手部的護理，指甲容易變得脆弱易裂，甲旁也易長出倒刺。想恢復指尖的滋潤，不妨也讓雙手「喝」點牛奶。因為牛奶所含乳酸能溫和去除死皮，又可保持皮膚的水潤，加上含豐富鈣質，對強化指甲很有幫助。將五匙牛奶混合半杯熱水，讓雙手浸五分鐘，如常修甲，塗上護手霜即可。

最後再奉送一個居家小妙方：如果瓷器上有小裂紋，可將其放入牛奶中煮半個小時，裂紋便可黏合，我就是用這個方法挽救了心愛的瓷杯哦！

給肌膚吃一頓牛奶水果餐

對肌膚來說，牛奶和水果都是好東西，吃到肚子裡好處多多，如果讓牛奶與水果聯手「吃」到臉上，絕對堪稱美膚神器。

牛奶草莓餐＝沒有皺紋

根據史料記載，用牛奶和草莓做成的美容液，是瑞士的護膚古祕方之一，能夠滋潤、清潔皮膚，具有溫和的收斂作用，淡化皺紋的功能很強大。做法：將五十克草莓榨汁，倒入一杯牛奶中，攪拌成草莓牛奶，塗在臉和脖子上，稍加按摩，十五分鐘後洗淨。

牛奶香蕉餐＝清爽無斑

將半根香蕉搗成香蕉泥，摻入適量牛奶，調成糊狀敷臉，十五到二十分鐘後用溫水洗淨即可。香蕉含豐富的維生素A，不但能滋潤皮膚，還可改善臉部因微血管擴張產生的紅血絲，再加上牛奶可美白及收斂肌膚，能使皮膚清爽細嫩，去除痘痘和雀斑。

兩匙牛奶、一根香蕉、一匙鮮奶油、一個蛋黃混合攪勻，是一款很好的頸膜，敷在脖子上，半小時後用溫水洗淨，能使鬆弛的皮膚拉緊，效果很好。

牛奶木瓜餐＝潤澤白皙

木瓜有「百益之果」的雅稱，適合油性皮膚的人用於洗臉，抑制出油的效果極好，而且木瓜維生素C含量非常高，能夠抑制黑色素形成，所以，牛奶木瓜面膜能使肌膚潤澤白嫩。做法：將木瓜洗淨去籽，切三分之一放入果汁機中加入牛奶打成泥狀，用脫脂棉沾取塗於臉部，二十分鐘後用溫水洗淨即可。

牛奶蘋果餐＝亮顏潤膚

把蘋果洗淨切塊，搗成泥狀，與牛奶一同放入面膜碗中，再加入一顆魚肝油膠囊切開取油，敷臉約十五分鐘後以溫水洗淨即可。

蘋果味甘涼，含有豐富的碳水化合物、胡蘿蔔素、蘋果酸以及纖維素等成分，能夠緊緻肌膚、強化肌膚的儲水功能，與牛奶搭配使用，潤膚的效果更加充分。

8 一個米糰的前世今生

米飯和米粥都能美容

米在美容養顏上的運用，最為人所知的就是製成蜜粉，如法國 T. Leclerc 的著名蜜粉，就是以研磨的米粉做為基底。

專櫃保養品的繁複工藝我們無法模仿，但在自己家的廚房裡用吃不完的米飯來美容，還是能夠實現的。

米飯幾乎是每餐都會吃到的主食，如果煮米飯剛好多了一點，吃不完，留到下一餐就不好吃，倒掉又很可惜，要如何處理呢？

不如把軟軟的、溫熱的米飯揉成米糰，放在臉上輕揉，過一會兒米

糰就會變得油膩汙黑，不僅黏去了皮膚表面的灰塵、油脂，令皮膚細膩潔淨，還可以為皮膚補充營養，適合油性及毛孔粗大的皮膚進行徹底的臉部清潔，再用清水洗淨皮膚，此時，就會感覺臉上的皮膚無比清透乾淨，比用昂貴的深層清潔保養品效果還好。

用了米糰美容法，平時買粉刺貼的錢就可以省下來嘍！不過由於米糰比較黏，清洗時要特別仔細，不然容易堵塞毛孔，適得其反。

除了用米糰清潔皮膚，在煮白粥時，有時候我會單獨盛出來一點，用刷子塗在臉上，五到十分鐘後用溫水洗掉，洗完後感覺皮膚很滑溜。

四種米飯，受用一生

米的大家族，成員可太多了，每種米都有不同的營養價值和功效，在美容養顏方面的重點也不同。對女性來說，常吃以下四種米，就足以受用一生了。

最養顏的是薏仁

薏仁的營養價值非常高，其中的成分，幾乎每一種都能讓人變美麗。

薏仁中含有的礦物質能夠舒緩、鎮定曬後肌膚；維生素B群有控油和保濕鎖水的作用；薏仁素可以防曬、改善肌膚乾燥；薏仁脂能夠促進新陳代謝，讓凹凸不平的粗糙肌膚變平滑。

除了這些作用，薏仁還是消除水腫的頭號利器，且清血解毒，對雀斑和痘痘非常有效，是美女餐桌上的必備食物。

光是吃進肚子還不夠，姊妹們，妳的梳妝檯上不能沒有一瓶薏仁美膚水！

薏仁美膚水簡單易做：將一百克左右的薏仁洗淨後放進鍋裡，加四倍水泡三小時，將泡好的薏仁煮沸，再用小火煮十分鐘，薏仁美膚水就算完成了。

每天晚上洗臉後，將薏仁水、牛奶、一匙蜂蜜混合並攪拌均勻，浸透面膜紙後敷臉二十分鐘，第二天臉色會很好，持續使用一個月後妳會發現皮膚明顯變得白嫩，毛孔也縮小了許多。

煮薏仁水畢竟很費事，很難每天都煮，一次煮太多又怕變質，有個小方法可以偷懶：煮好薏仁水，加入適量蜂蜜、牛奶後，將混合液體倒入冰塊盒中，放進冰箱冷凍室。每天拿出幾塊冰塊放在面膜碗裡解凍後再敷臉，這樣煮一次薏仁水就能用很久啦！

因為我自己是油性肌膚，所以在DIY薏仁水時，就省略了蜂蜜，建議油性肌膚姊妹也不要加蜂

蜜，直接用薏仁水敷臉，就能收縮毛孔，控油的效果也很讚。

最排毒的是粳米

粳米（蓬萊米）的米糠層中含有大量的粗纖維，有助於腸胃道的蠕動和體內有毒物質的排出，所以是食物中排毒養顏的明星。

粳米中所含的微量元素鎂，還能促進腸道滯留水分，避免因便祕引起皮膚粗糙。而粳米中大量的賴氨酸（Lysine），能夠促進食物消化，有助保持臉色紅潤光澤。

最抗衰老的是糙米

糙米，就是將帶殼的稻米在碾磨過程中去除粗糠外殼而保留胚芽和內皮的「淺黃米」。糙米中的蛋白質、脂肪、維生素含量都比精製白米更多。

糙米中富含的維生素B群是皮膚和黏膜的好朋友，能夠活化氣血，益膚美髮。多吃點糙米，能滋潤肌膚，使皮膚光滑柔軟，還能養髮，減少脫髮和白髮。

糙米中的維生素E能消除自由基。說到清除自由基，姊妹們就知道糙米也是一種強大的抗氧化劑了，它能減少氧化造成的肌膚衰老、鬆弛，避

免色素沉澱，進而延緩皺紋、黃褐斑、老人斑的出現，使膚色看起來更明亮，肌膚狀態更年輕。

最補血的是紫米

紫米之所以黑黑的，主要是因為它的外部皮層中含有花青素類色素。這種色素可厲害了，具有很強的抗衰老作用，所以紫米也是一種抗衰老食品。不過，對紫米來說，比抗衰老更強大的功能是補血，能明顯提高人體血色素和血紅蛋白的含量，滋陰補腎，所以很多剛生完小孩的婦女就用紫米來養血補氣。

天然專櫃級美膚水出場

前面曾說過：「台灣女子愛大米，日本女子愛清酒。」確實，飲食習慣以米為主食的台灣美女們，發現了許多米的美容功效，就連淘米水，都可以發揮其用。

米的表面含有鉀，所以只淘洗一、兩次米的淘米水，會呈現PH值5.5左右的弱酸性，但之後就轉變為7.2左右的鹼性。這樣的鹼性淘米水，就成為能夠洗去皮脂的肥皂水，而且還可以隨淘米方式自行調整洗淨力，是清潔美膚的最佳天然水。

另外，因為米中含有澱粉，用淘米水洗臉後會感覺皮膚滑滑的，既潤膚又不會過敏。不僅適合敏感性肌膚使用，即使天天洗也沒問題。米中的抗氧化劑，還可以防止皮膚老化，而米中可溶於水的水溶性維生素及礦物質會殘留在淘米水中，能把臉洗得白白嫩嫩。如此天然、洗淨力適中、質地溫和、無副作用，又非常省錢的美膚水，專櫃保養品哪能比得上呢？

用淘米水敷臉，美膚效果也很不錯。將淘米水放置一晚，水中會有一些沉澱物。將已出現沉澱物的淘米水輕輕倒入另一容器中待用，留下底部的沉澱物，將沉澱物均勻塗在臉上，約十五分鐘後沉澱物變乾時，再塗上淘米水，待其慢慢自然風乾，最後用溫水洗淨，再用冷水沖一下，讓皮膚收斂。

這種淘米水面膜，一星期做一次即可。幾週下來，煥膚減齡的效果就出來啦！

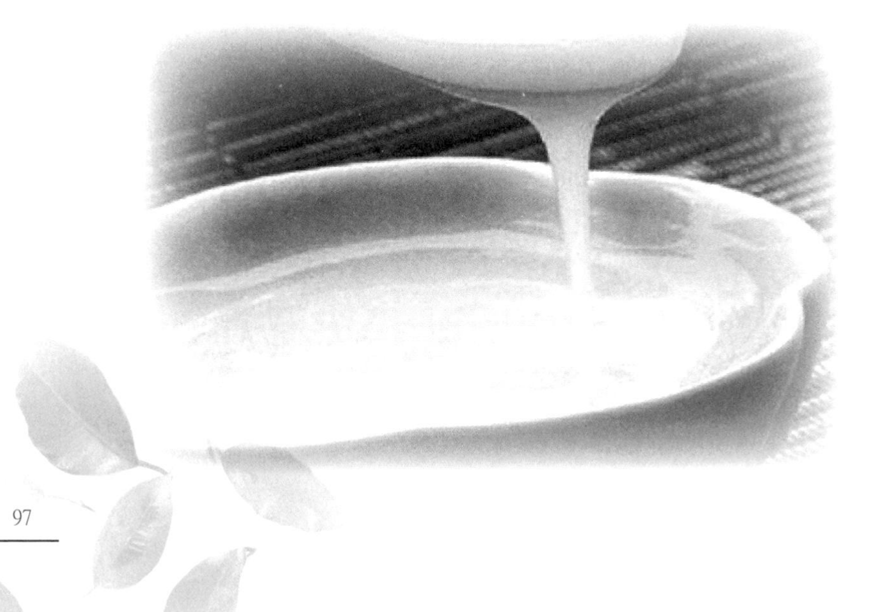

美女我最「省」，養出豆腐般的水嫩肌

豆腐養出水嫩「豆腐肌」

我小時候不喜歡吃豆腐，每當餐桌上出現豆腐時，都要噘起嘴巴，這時祖母總是笑著對我說：「三餐吃豆腐，長得像白大姑呀！」那時候我不知道誰是白大姑，這句話的意思，現在我懂了，說的是豆腐既有營養，又能美容。

豆腐具有清熱潤燥、解毒補中、寬腸降濁等功效，愛吃豆腐的人，皮膚一般比較嫩滑、晶瑩，很少長痘痘、生暗瘡，腸胃功能也很好。

豆腐可以美容，因為含有豐富的蛋白質和維生素，不管是吃進肚

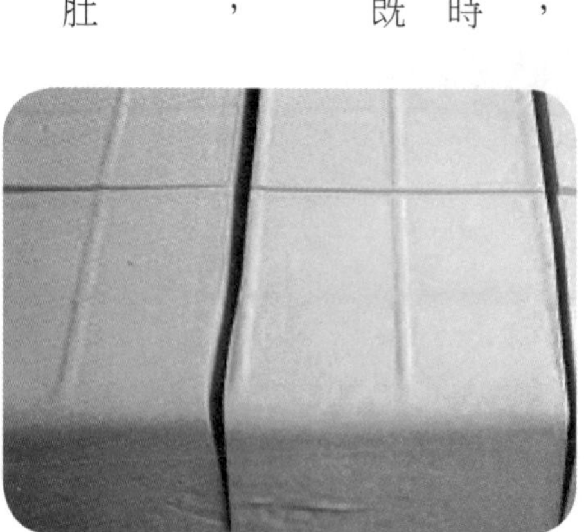

子裡還是外用，都有很好的美膚效果。

豆腐是黃豆的製成品，含有豐富的大豆異黃酮，能夠延緩皮膚衰老，而卵磷脂則能抗氧化，褪掉皮膚的暗黃。如果缺乏這兩者，皮膚就會變得粗糙、鬆弛，而且會提早出現皺紋。豆腐料理的美味大家都知道，而豆腐外用，能讓皮膚白皙、富有彈性，接著我們就來談談用豆腐敷臉的美容法。

做法很簡單：準備一個薄紗布袋，將豆腐搗碎裝在裡面，洗臉過後用來揉搓臉部；也可以在弄碎的豆腐中加入一些麵粉和蜂蜜，牛奶亦可，再敷到臉上，二十分鐘後洗淨，就能達到嫩膚美白的效果。

如果找不到合適的紗布袋，也可以把豆腐打成泥狀，越細越好，加入一匙蜂蜜，蜂蜜具有凝聚服貼的作用，將蜂蜜和豆腐混合，攪拌均勻，用面膜刷均勻塗在臉上，停留十五分鐘便可。如果覺得不夠滋潤，可以用面膜紙浸入礦泉水中，覆蓋在臉上，這樣水分就不易蒸發。洗淨後，妳會發現皮膚果然水嫩很多，彷佛真的變成豆腐肌了！

如果嫌麻煩，可以直接將豆腐切成小薄片，洗過臉之後，把豆腐片敷在臉上就可以了，而且不用避開眼睛、嘴角，等個二十分鐘左右取下豆腐，再塗上保養品就 OK 了。事前將豆腐片先放到冰箱冷藏一下，效果更好。

把豆腐搗碎，摻入薏仁粉塗在臉上，能夠令肌膚嫩白柔細，並能改善粉刺及毛孔粗大現象；在豆腐中摻入綠豆粉，可深層清潔肌膚、去角質、防止黑頭粉刺產生，非常適合油性肌膚；在豆腐中摻入綠茶粉，能滋潤、緊緻肌膚，預防皺紋。

豆漿豆腐賽燕窩

我小時候雖然不喜歡吃豆腐，但卻不討厭喝豆漿。細心的祖母經常會做一種「豆漿豆腐湯」給我當早點，用豆漿煮豆腐可以讓豆腐變得更美味。將豆漿和豆腐放在一起做料理，簡單、好吃又便宜，還能由內而外保養身體、美白肌膚。這個習慣我一直保留到現在，不僅是因為營養豐富，更因為有祖母的愛心在裡面。

豆漿豆腐湯的做法很簡單，材料也很好準備。材料有：豆漿、豆腐、冰糖、橘皮、鹽。

先將豆腐切成小塊，橘皮切成細絲。再將豆漿放在鍋內煮，煮熱後放入豆腐塊、冰糖和鹽，豆漿煮沸、冰糖融化後放入橘皮拌勻即可。

10 讓臉蛋像水煮蛋一樣白滑細嫩

「滾」出水煮蛋般的無暇美肌

小時候看港片，看到一些古惑仔被人打得鼻青臉腫之後，會用一顆水煮蛋在臉上滾來滾去，那時我不瞭解這是何意，後來才曉得，臉被打腫之後用水煮蛋滾動消腫是一種民間偏方，效果很好。

其實，用剛煮熟的熱雞蛋按摩臉部，不但可以消腫，也是一個美容護膚的方法。

臉洗乾淨後，將煮好的雞蛋趁熱剝殼，將溫熱的水煮蛋在臉上一邊滾動，一邊按摩。

按摩的順序先由眉毛開始，沿臉部肌肉線條向上滾動直到髮際；眼部、嘴部的肌肉是環形肌，所以要環形滾動；鼻子部位則是自鼻根沿鼻翼向斜上滾動；兩頰是自裡至外向斜上方滾動，一直到雞蛋完全冷卻下來。

熱雞蛋可以促使臉部皮膚血管舒張，增強血液循環，按摩完成後，再用冷毛巾敷臉幾分鐘，這樣一熱一冷、一張一弛，能夠使皮膚富於光澤和彈性。

按摩後的雞蛋，蛋白就不能吃了，只能扔掉，但是蛋黃可以吃掉，也可以將蛋黃碾碎輕輕塗抹在臉上，有美白、去斑的作用。

新鮮的雞蛋殼裡有一層軟薄膜，這層膜也是有用的，把它輕輕剝下來貼在臉上有皺紋的地方，或臉頰、下巴等部位，風乾後撕下來，再用柔軟的毛巾拭擦乾淨，這一招可以去除死皮和除皺。

如果是乾性皮膚，可以塗些植物油再擦去死皮，這樣就不會因為摩擦而損傷皮膚了。這個方法在煮飯時隨手就可以完成了，既不會耽誤時間，又能趕走皺紋，舉手可做的美容機會可千萬不要放棄呀！

除了按摩和外敷，有一個內服的方法也有不錯的去斑效果。取一顆雞蛋洗淨，放入兩百毫升的優質米醋中，一到兩天後，蛋殼就會軟化，僅剩一層薄皮裹著已脹大的雞蛋。當蛋殼完全溶解於醋液中後，取一小湯匙溶液摻入一杯開水飲用，每天一杯，持續一段時間後，保證妳的皮膚光滑細膩，可以掃光臉部所有的斑，比去斑霜效果還要好。

自製蛋白面膜

蛋白是古代女性常用的美容材料，她們會使用含有蛋白的保養品敷臉，用以保持皮膚的緊緻與細膩。

在中國的古籍中，也記載許多將雞蛋用於美容護膚資料，比如我們剛剛說過的醋蛋，還有酒蛋，即用酒密封浸泡雞蛋七天，取蛋白每日敷臉以美白肌膚等等。據說就連深諳美容之道的慈禧太后也常常用蛋白美容。

蛋白能夠膨脹潤澤皮膚角質層，增強皮膚對營養物質的吸收，蛋白中所含的菸鹼酸，還能防止日光性皮膚炎所致的皮膚粗糙、增厚。所以蛋白一直都是天然面膜中常常出場的角色，蛋白能夠參與的面膜真是太多了，數不勝數，我只說自己最愛的一個——雞蛋小黃瓜面膜。清爽的小黃瓜汁含有豐富的水分，一直是我的最愛，再加上蛋白的緊膚效果，具有完美的補水緊膚功效。

準備的材料有：新鮮小黃瓜一根、生雞蛋一顆。做法：把小黃瓜洗淨放到榨汁機中榨汁或搗成泥狀都可以。把雞蛋的蛋白和蛋黃分開，將蛋白和小黃瓜汁或泥混合並攪拌均勻，面膜就完成了。洗過臉後，將做好的面膜均勻塗抹在臉上，避開眼部和嘴唇，如果使用小黃瓜汁，要再覆上一張面膜紙，十五分鐘後用清水將臉洗乾淨即可。

Chapter 3 天生麗質難自棄

1 果汁喝了，果渣呢？

許多人都喜歡自己榨果汁，新鮮、口感好，不含防腐劑，還可以根據自己喜歡的口味混搭。但是有個問題，榨完果汁後，榨汁機裡還有一大堆果渣，就這樣倒掉實在太可惜了！

其實，看似沒有用處的果渣，還是能發揮大作用。如果能把果渣做成手膜，呵護一下纖纖玉手，也算是物盡其用了，不但環保，還能省下買手膜的花費。

手部的皮膚雖然不似臉部肌膚那麼嬌嫩，容易出問題，但因為雙手要為我們的生活服務，操持種種勞作，是最容易遭受外界有害物質侵襲的部位，比如頻繁接觸灰塵、清潔劑等，長期下來折磨下來，雙手也會受損。

手對女人的重要性就不用多說了，有人說它是女人的名片，有人說它是女人的第二張臉。但如此淺白的道理，卻總是有人不曾領會或忽略。

我有一位男性好友，他對公司裡一位女主管非常傾慕，覺得她完美無瑕，無可挑剔。直到有一天，她辦公室裡的傳真機壞了，來向他借用，他殷勤地去幫忙，卻赫然發現她有一雙非常粗糙的手……

這種故事一點都不新鮮。一個美女冷不防輸在一個沒有照顧到的細節上，但是他卻遺憾地叨唸了很久，她怎麼會有這樣一雙手呢？總覺得，即使她在細節上有所疏忽，也不應該是手啊！

由於擔負著重要的社交職責，手的皮膚不但外觀重要，給人的「手感」也相當重要。一雙精緻白皙、柔軟潤滑的手，所散發出來的性感指數絕對有五顆星。

性感，其實就是潛藏在細節裡的魅力。

好了，書歸正傳，現在要說的是即將被扔掉的水果渣。不同的水果渣對手有不同的保養作用，我們選擇大家最常用來榨汁的水果，提供出幾種手膜護理方案。

水梨手膜——滋潤防裂

有的姊妹會因為天氣乾燥或做家事接觸到有化學成分的清潔劑等而傷了手，令肌膚乾燥龜裂。這種情況可以用水梨手膜來修護肌膚，能夠發揮補水、防裂、美白的功效。

做法：用溫水洗完手後，把榨汁剩下的梨渣，混合熟蛋黃，搗成泥狀，再加入兩滴植物油增加手膜的黏稠度，用面膜刷均勻塗到手上就 OK 了。二十分鐘後用溫水洗乾淨，再塗護手霜，不怕麻煩的話，戴上棉質手套過一夜，效果會更明顯。

鳳梨手膜——軟化肌膚和甲邊

有個成語叫做「手如柔荑」，可見對女性來說，手的柔軟度非常重要。鳳梨渣絕對是護手寶貝，富含維生素C和蛋白酶，如果與蛋黃搭配，就能與蛋黃中的蛋黃油和微量元素、維生素共同發揮作用，軟化手部肌膚和指甲邊緣，改善粗糙硬皮，讓雙手更加潤澤柔軟。

做法：把生蛋黃攪成糊狀，與鳳梨渣以一比一的比例混合在一起，用溫水泡手後將手膜塗在手上就可以了。

蘋果手膜——鎮靜肌膚，改善粗糙

用榨汁後的蘋果渣來做手膜，有鎮靜肌膚的功能，令粗糙衰老的肌膚的恢復潤滑。

做法：將蘋果渣混合一匙明膠粉，放到小鍋裡加水煮至完全熔解，冷卻後薄薄地塗一層在手上，會感覺肌膚十分舒服。十五分鐘後，手膜會變乾呈透明狀，這時可以輕輕撕下來，再用溫水把手洗淨即可。明膠粉和蘋果中的葉酸都有抗氧化的作用，能促進細胞新陳代謝，延緩細胞老化，使皮膚柔潤光滑、富有彈性。

橘子手膜——潤滑皮膚及除皺

將榨汁後的橘子渣加入一些蜂蜜，攪拌均勻後塗抹到手上，十分鐘後洗淨即可。橘子渣手膜有潤滑皮膚及撫平手部皺紋的功效。

果渣手膜的方法很簡單吧！其實都是隨手就能做的。但有些姊妹擔心塗了手膜之後，黏黏糊糊的實在不方便做其他的事情，坐在那裡等待晾乾又太耗時，建議姊妹們塗好手膜後，套上免洗手套，既不耽誤做事情，又可以使手膜上的營養成分更深入地被肌膚吸收，還不必擔心手上的果渣黏在衣服或其他東西上。

除了定時給手做保養以外，保護也是非常重要的。做家事時一定要戴橡膠手套，千萬不能嫌麻煩。否則最先變醜的是手指，慢慢地，手背肌膚也會受侵蝕，到那時再想起保養，就事倍功半了。

新鮮果汁是一種健康飲料，但是水果榨汁卻損失了一項重要的成分，那就是水果裡的膳食纖維。在果渣中，還有40％的營養物質是可以再次利用的。尤其是其中的纖維素，正是現代都市人日常飲食很缺乏的，對清除腸道垃圾、瘦身、防治便祕等都很有效果。但是水果渣雖然可以直接食用，口感卻差了一點，如同「雞肋」一般，食之無味，棄之可惜。假如妳不喜歡直接吃掉，可以做成果渣蛋羹，口感很滑順，還有水果顆粒，「雞肋」瞬間變美食了！

以奇異果為例，給姊妹們介紹一下果渣蛋羹的做法：

將雞蛋打散，蛋液和奇異果果渣以一比一的比例混合均勻，撒幾粒葡萄乾，份量根據自己的口味而定，如果喜歡甜食，可以多放一些。蓋上保鮮膜，在保鮮膜上戳幾個小洞，放入鍋中蒸熟即可。

2 水果皮只能丟掉嗎？

蘋果皮可紓壓

至於吃水果到底削不削皮這個問題，一直持續不斷引起爭論，公說公有理，婆說婆有理，似乎都有理。暫且先不管那些可以吃皮的水果到底需不需要削皮，有些水果的果皮是絕對不能吃的，比如香蕉，剝下的果皮，似乎也只能進垃圾筒。其實這也是很大的浪費，有許多果皮也是我們得力的美容助手呢！

把削下的蘋果皮滴上一滴蜂蜜，敷在嘴唇上，對嘴唇有溫和滋潤的效果，令嘴唇光采潤澤，能得到一點朱唇桃花般的效果。女性的唇總是備受關注，在護膚美容的程序中，千萬別忘了自己的唇。

乾燥、有唇紋的嘴唇會讓人看起來顯老，美麗的唇卻能為妳的容顏加分不少，一個德國遊吟詩人寫過這樣的句子來描寫情人的唇：「當我看到情人如玫瑰般鮮明美麗的嘴唇時，灑在整個山谷的絢麗陽光也失去了它的光采。」

在外辛苦工作了一天，晚上在家泡澡時，可以把蘋果皮裝在紗袋裡放進浴缸，或直接用蘋果皮擦拭皮膚，蘋果屬於薔薇科植物，散發出來的芳香氣味有助於我們放鬆身心，緩解身體的疲勞和心靈的壓力。

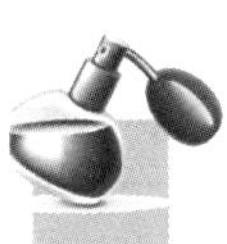

西瓜皮可敷也可食

西瓜是消暑解渴的好水果，西瓜皮的用處也很多。在家裡吃完西瓜後，可以直接用西瓜皮在臉上按摩，在炎熱的夏天，感覺清新舒爽。西瓜皮中富含維生素C、E，用西瓜皮擦拭肌膚，可使肌膚細膩、白皙、富有光澤。

冰鎮後的西瓜，瓜皮能夠鎮靜並治療被曬傷的皮膚，經常使用還有很好的美白作用。將西瓜皮切成一寸見方，去掉裡面一層粉紅色的瓤，再去掉外面的青皮，把這一塊乾淨的西瓜皮用刀子片成小薄片，貼在曬傷的部位，大約五分鐘換一次新的西瓜皮片，一共換四次，最後用清水沖洗乾淨。

在果皮中，西瓜皮是為數不多的可以吃的果皮之一，對於咽喉乾燥、降血壓都有不錯的療效。

西瓜皮最簡單的吃法就是涼拌：將西瓜皮的表面的青皮去掉，再去瓤，清洗乾淨；切成細條狀，撒點鹽使其出水；再用清水將西瓜皮上的鹽洗淨，瀝乾；放入適量的鹽、蒜末、糖、蔥花和醬油，攪拌均勻，最後再放入適量的胡椒粉、辣椒、麻油、雞粉，攪拌均勻，一盤風味獨特的麻辣西瓜皮就大功告成了。

用西瓜皮做的涼菜很好吃，熱炒味道也不錯。在炒之前，先將瓜皮醃漬一下，再曬乾，放入清水裡浸泡三小時左右；在炒鍋裡放入適量的植物油，油熱後加入蒜和辣椒爆香，接著再放入西瓜皮，清炒；起鍋淋點香油即可。

夏天煮綠豆湯時加一點西瓜皮，利尿消腫的效果會更好，想要瘦臉的姊妹們不妨試試這種綠豆瓜皮飲。

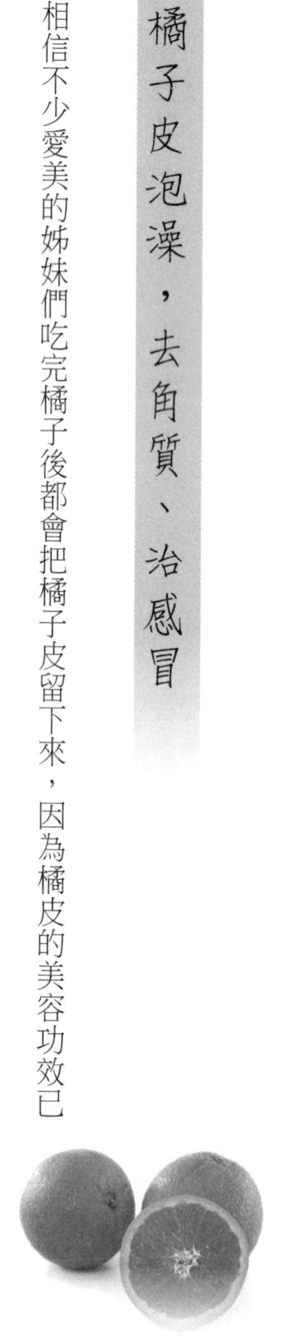

橘子皮泡澡，去角質、治感冒

相信不少愛美的姊妹們吃完橘子後都會把橘子皮留下來，因為橘皮的美容功效已經是很多人的生活常識啦！

橘皮中含有天然的橘子精油，還有大量的果酸，具有軟化角質層的作用，還有控油和清潔效果。除了可為臉部去除角質，用橘皮擦拭身體角質粗厚的部位，或將橘皮放入熱水中泡澡，還能夠淨化肌膚、消除疲勞，讓粗糙的皮膚變得細白柔嫩，並對感冒及神經痛、冷虛症等也有相當良好的治療效果。用橘皮水洗頭，頭髮會光滑柔軟，就像用了高級的護髮素。

橘皮不僅可以外用，本身還是一味中藥，把橘子皮洗淨曬乾，與茶葉一起沖飲，能夠發揮提神、通氣的作用，而且氣味清香，非常好喝。

香蕉皮止癢去疣

香蕉是一種能讓人有好心情的水果，由於它的解憂功能，被稱為「快樂水果」。香蕉好吃，香蕉皮可別亂丟哦！否則不僅會害人摔跤，還會損失了一種居家美膚品。

吃完香蕉後，可以把香蕉皮內側貼在臉上，十分鐘後洗淨，可使皮膚變得滋潤光滑，這個方法還能治療凍瘡的裂口。

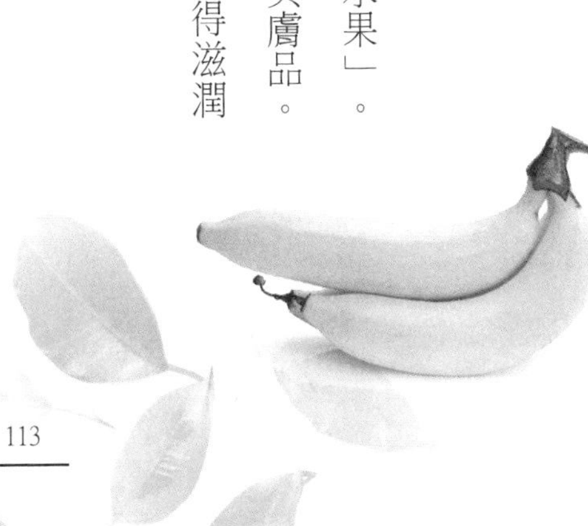

香蕉皮中有一種叫做蕉皮素的成分，能夠有效抑制細菌和真菌滋生。用香蕉皮治療因真菌或是細菌感染所引起的皮膚瘙癢，效果好得不得了。方法很簡單，就是用香蕉皮在皮膚瘙癢的地方反覆摩擦，即可見效。

不過，與香蕉皮的另一項強大功能比起來，上面的那些功能可謂是小巫見大巫了。香蕉皮有一個絕招，就是去疣。把香蕉皮敷在疣的表面多次，可使疣軟化，再用手指一點點捏掉，直至痊癒，用這個方法治好的疣就不會復發。

柚子皮自製精油

柚子皮中含有豐富的果膠，對保養皮膚很有好處。將柚子皮丟入浴缸，先注入熱水，用溫度把柚皮油逼出，調好水溫來泡熱水澡，毛孔張開了，柚子皮的營養成分進入皮膚細胞，美膚的效果超級棒，而且還能消除一天的疲勞，舒緩神經，失眠的人只要洗完柚皮浴，就能幫助入睡。

還可以把柚子皮製成精油薰香：將柚皮剪成小片，放在水中加熱，在

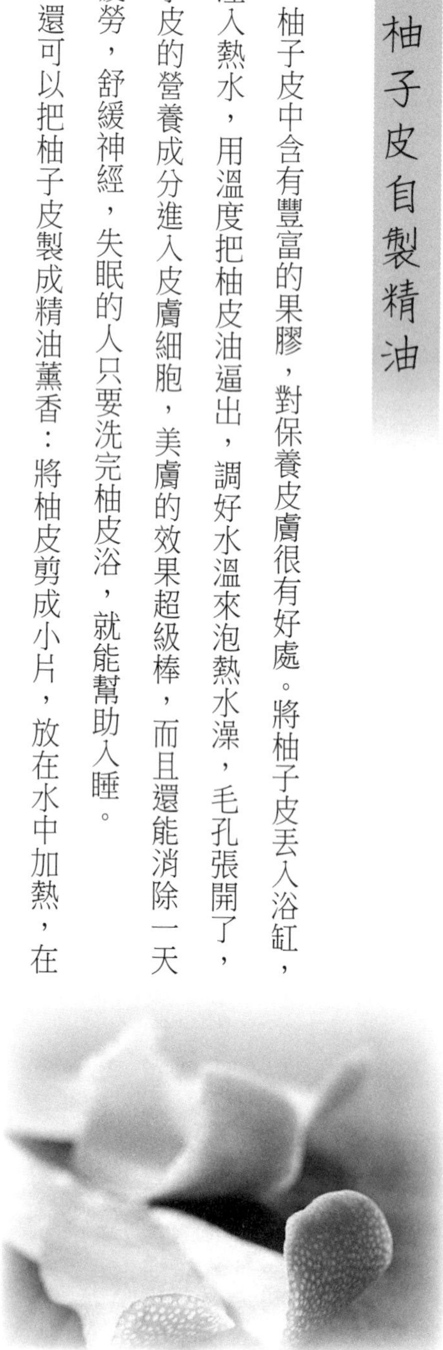

加熱過程中可看到水面浮著一層油脂，這就是天然的柚子精油，薰香燈裡滴幾滴精油，空氣中便會瀰漫著淡淡的柚子香，可以安定心神，舒緩情緒。

如果將還帶著白皮的柚子皮曬乾，切成條或片狀，煮成濃茶飲用，能夠開胃透氣，食慾不振時喝一杯，會感覺暢快很多。若把柚皮和紅茶一起煮，則能治感冒，還是下午茶時一款風味獨特的茶飲哦！

雖然用果皮美容方便有效，也符合目前的環保理念，但是有一點必須要囑咐各位，現在的果蔬在生長過程中都會噴灑一些農藥，這些農藥也不可避免地會留在水果表皮上。因此用果皮敷臉或食用前，一定要用大量水沖洗果皮，仔細洗淨殘留農藥等有害物質，以免讓這些有毒物質侵入肌膚。

爛水果竟然也有用

爛水果也有大用處，似乎有點令人難以置信。腐爛的水果對身體有害，絕對不可以再吃的，但是也可以廢物利用。

如果家裡的蘋果爛了，可以削掉腐爛的部分，將剩下好的果肉放到鍋裡煮透，或是放進微波爐裡加熱，搗成蘋果泥，再加入一個蛋黃和一點麵粉拌勻，均勻地敷在臉上，能幫助肌膚排除毒素，讓肌膚迅速變得明亮有光澤，非常適合約會前用。

香蕉不易保存，一不小心就會過熟腐爛。將爛香蕉去皮搗爛成糊狀，用來敷臉、敷手、敷脖子，都有不錯的緊緻效果，尤其適合乾性皮膚。

3 咖啡渣拯救「小腹婆」

在慵懶的冬日下午，煮一壺熱咖啡，精巧的銀勺攪動杯中氤氳的熱氣，一杯香濃的咖啡，令人體會到歲月靜好。

不過，每個喜歡喝咖啡的人，都要面對煮好咖啡後剩下的大量咖啡渣，就這麼倒掉嗎？不，千萬不要。跟大家分享一下咖啡渣再利用的方法，讓咖啡渣給妳一個白嫩小臉和窈窕身材。

煮過的咖啡渣有一種非凡的妙用，用來按摩身體不僅可使肌膚光滑，還有緊膚、美容的效果。尤其是最容易囤積脂肪的小腹，沿著血液、淋巴流動的方向，朝心臟部位慢慢移動按摩，能達到分解脂肪的瘦身效果，讓「小腹婆」輕鬆減掉贅肉，擁有性感平坦的小腹。如果在沐浴時按摩效果會更好。

還有一個方法，能加速咖啡渣的瘦身能力：將咖啡渣和一匙橄欖油混合，用舊毛巾沾取，抹在有贅肉的部位，再用保鮮膜包裹起來。十五分鐘後撕下保鮮膜，用溫水沖洗身體，瘦身緊膚的效果更加明顯，還能使肌膚光滑。

不只是咖啡渣能瘦身，家裡如果有自己不喜歡口味的咖啡粉，或是已經過期的咖啡豆，怎麼辦？當然不是扔掉了，拿來做成有瘦腿效果的按摩膏吧！做法：把咖啡豆磨成粉，或直接用咖啡粉與適量的植物油調合後，用螺旋狀的手法塗在腿上，用保鮮膜包裹上。最好再配合做一些簡單的運動，如快走、踮腳、蹬腿等，瘦腿的效果會更好。這種 DIY 瘦腿按摩膏，不但能分解脂肪，還能促進肌膚血液循環，減少橘皮組織，使腿部的肌膚和線條更漂亮。

如果在按摩膏中加入適量的咖啡粉末，輕輕地按摩脖子、下頷至臉頰的部分，每天堅持十五至二十分鐘，能夠收斂臉頰，消除雙下巴，讓臉部輪廓更加緊緻年輕，做個三百六十度都好看的立體美人！

咖啡渣裡含有很多活性碳，能夠吸附微小的汙垢和氣味，平時切洋蔥、剝蒜或吃海鮮後，可以用咖啡渣洗手，去除手上的異味。

咖啡汁還有一個很讓人意外的作用，就是可以染頭髮。我有位朋友是懷孕的準媽媽，有一次見到她，發現她把頭髮染成了漂亮的咖啡色，我大驚，問她不知道孕婦是不可以接觸染髮劑的嗎？她說是用純天然的咖啡來染頭髮，不會傷害頭髮和皮膚。

染髮使用的必須是是深度烘焙的豆子，這種咖啡色澤比較深。先把頭髮洗乾淨後，將咖啡汁液均匀地塗到髮絲上，稍候片刻再沖掉就可以了。

除了用在身體上，咖啡粉也是可以用於臉上，用咖啡粉做的毛孔細緻面膜，美容效果可不容小覷哦！

這款面膜需要一顆水煮蛋，將蛋白搗成泥，再倒入咖啡粉進行攪拌，可先加入少量熱水將咖啡粉泡軟，方便蛋白與咖啡融合，注意水量不能太多。蛋白咖啡攪拌均匀後，裝瓶密封，直至凝結成糊狀。每天晚上洗過臉後，均匀塗於臉部，第二天早上醒來，再用溫水洗淨。妳會發現，小臉變得緊緻，肌膚又回到了二十歲的最佳狀態。

4 變身世上最美的「豆渣西施」

豆渣是天然磨砂膏

現在幾乎家家戶戶都有豆漿機，榨完豆漿後會有一些豆渣，需要用過濾網過濾出來。這些豆渣可是非常好的天然磨砂膏哦！能夠去角質、美白肌膚，還能製成面膜使用。

做成磨砂膏使用，不需經過任何加工，直接用就可以了，先用洗面乳把臉洗乾淨，兩手各取一點豆渣在臉上輕輕打轉，按摩整張臉，這期間豆渣可能會一直不停地掉落，不用管它，繼續按摩，直到妳厭煩為止。接著讓黏在臉上的餘渣在臉上停留一會兒，再將臉徹底洗淨，摸摸看，手感是

不是感覺超好？去照照鏡子，妳會尖叫的！

豆渣也可以用在身體上，洗澡時與沐浴露混合在一起，塗在沐浴球上，輕柔地刷身體，效果也很棒！

剛才說過，豆渣還可以做成嫩膚的面膜。在豆渣裡放入適量蜂蜜，攪拌成糊狀，均勻敷於臉部。由於豆渣比較容易乾燥，可以在面膜上再敷一層保濕紙膜，以確保水分不散逸，效果會更好哦！

僅需十分鐘，拿下面膜紙後，肌膚明顯變白了，廢舊角質也都沒有了，臉色顯得很明亮！

吃出來的西施

以前總是在小說裡看到「豆腐西施」這個詞。真不明白到底是賣豆腐的美女特別多，還是因為賣豆腐的女子常吃豆腐所以變美了？否則為什麼沒有饅頭西施、油條西施……

不管啦！總之我們也可以變成豆渣西施。豆渣細膩柔軟，濃香爽口，富含膳食纖維、蛋白質、不飽和脂肪酸等營養，具有排毒、瘦身和抗癌等作用。只要我們用心調製，絕對是美容佳餚。

豆渣營養早餐

把豆渣瀝乾之後，將油燒至五分熱，先用花椒、大蒜爆出香味，將豆渣倒進去快速翻炒，炒熟。放一點蔥花，再翻炒片刻，鹽可以放但不要放太多。再配上豆漿，就是一頓有吃有喝的養顏早餐。

豆渣粥

豆渣和玉米粉，按照一比一的比例，加少許水調成糊狀，另燒半鍋開水，待開水煮沸後，倒進調好的豆渣糊，煮沸片刻即可。

營養小豆腐

把油燒熱，蔥花爆香後加入豆渣翻炒，打一顆雞蛋，加入蝦皮繼續翻炒三至五分鐘，加入鹽、薑末、雞粉等調味料，營養小豆腐就做好了。

豆渣丸子

將五十至一百克瘦肉和芹菜切碎，與豆渣、雞蛋、麵粉一起拌勻，調入食鹽，揉成丸子，下鍋煮熟即可。這樣做出來的豆渣丸子營養非常全面，特別適合身體虛弱的人吃。

5 誰道落紅無情物，再次利用養嬌顏

情人節、生日、相識紀念日……當妳收到他送的玫瑰，甜蜜和幸福自然是不用說啦！可是大約十天左右，或許玫瑰花就去垃圾筒裡躺著了。對玫瑰而言，這是多麼悲慘的結局。

玫瑰的護膚功效是深得美容達人們認可的，不僅補水保濕功效一流，同時還能抗衰老、淡斑，讓膚色變得白裡透紅，是很好的美容養顏材料。

法蘭西第一帝國的皇后，拿破崙的第一任妻子約瑟芬，對玫瑰就有著一份難解難分的情結。約瑟

芬收購了巴黎南部的梅爾梅森城堡，開闢了一座玫瑰園，種植了三萬多株玫瑰，囊括當時所有知名的品種。她對玫瑰的狂熱喜愛甚至影響了戰爭，英法戰爭期間，出於對皇后的尊敬，兩軍艦隊甚至停止海戰，讓運送英國玫瑰品種的船通行。而玫瑰也沒有辜負約瑟芬，幫助這個美女維持了驚人的美貌。

我們尋常女子雖然沒有三萬株玫瑰，但把萎謝的玫瑰花瓣 DIY 成美膚用品，也算沒有暴殄天物了。

摘下乾了的玫瑰花瓣，泡在白醋中放置一週後，再加入少量冷開水，就可以使用了。早晚洗臉後用這款玫瑰美容液塗抹臉部和脖子，可使皮膚細膩光潔，還能治療粉刺和痤瘡，最適合油性皮膚。

而下面這款玫瑰面膜，需要的是新鮮的玫瑰花。新鮮玫瑰花瓣十片、純水或蒸餾水一小瓶、四匙優酪乳、一匙蜂蜜。

將花瓣洗淨，放在一乾淨容器裡，用勺子或玻璃瓶將花瓣壓碎，直至滲透出汁液即可。加入適量的純水或蒸餾水、優酪乳及蜂蜜，一起充分混合，攪拌均勻。敷膜之前先把臉洗乾淨，用熱的毛巾熱敷二至三分鐘，軟化角質，讓毛孔充分打開。用面膜刷將面膜均勻刷到臉上，保持十五分鐘後，再用大量的清水將臉洗乾淨即可。

這款玫瑰面膜不但能美白滋潤肌膚，補水的效果也不錯，能緩解皮膚的乾燥粗糙狀態，提亮膚色，讓肌膚看起來更加細膩白皙，透出健康的光澤。

如果玫瑰花瓣非常多，可以做成薰香。將玫瑰花瓣放入自製的香囊中，掛在床頭上或放在衣櫃裡，可裝飾、可薰衣，改變室內空氣品質，花香自然飄逸，無時無刻都有芬芳的玫瑰花香陪伴著妳，心曠神怡，美容養顏，有益身心健康。

還可以用玫瑰花瓣做個枕頭，每晚枕著花香入睡，更是如同徜徉在玫瑰園中般夢幻。

洗澡時將玫瑰花瓣灑在浴缸裡，加入三十五至四十五℃左右的溫水中，待花瓣浸泡五至十分鐘後，即可開始泡澡，可以保持皮膚水分和彈性，令肌膚暗香浮動，讓妳倍添魅惑魅力。

除了玫瑰，如果手邊有其他花瓣，也可以製成花水來美膚。比如百合花，能夠降火排毒，收縮毛孔。將百合花瓣裝入瓶內，注入藥用酒精（濃度75％）後密封，浸泡一個月後，以兩倍的冷開水稀釋，對皮膚有美白和收斂作用。

將茉莉花花瓣浸入冷開水中，密封靜置數日後，兌入少許藥用酒精，就製成了茉莉花清爽液，洗臉後拍在臉上，可收縮毛孔，清爽肌膚，淡淡的茉莉花香非常怡人。

6 隔夜茶和茶葉渣的超讚表現

茶湯養顏——低成本大功效

因為家裡的長輩有喝茶的習慣，我很小就跟著喝。那時候就是覺得好喝，也不挑剔，大人喝什麼茶就跟著喝什麼茶。

長大了以後才知道，茶竟然是一種抗衰老的美容聖物！經常飲茶，有助於保持皮膚光潔白嫩，延緩臉部皺紋的出現，同時減少細紋。至於喝哪種茶，怎麼喝，都是有講究的，這裡面的學問大著呢！

對於茶的抗衰老功效，我是深深信服的，我的父母、祖母都比同齡人顯得年輕不少，這與常年喝茶大有關係。

關於喝茶的門道，真心希望將來能專門寫一本書與姊妹們交流，不過現在我們要聊的，是隔夜茶和茶葉渣。

喝茶，肯定會有剩下的茶水和茶渣，與其扔了，不如收集起來做美容，是最經濟實惠的養顏方法，不用花一塊錢，就能達到好效果。

喝剩的隔夜茶先不要倒掉，晚上洗完臉後，把隔夜茶塗到臉上，輕輕拍打，或將沾了茶汁的面膜紙敷在臉上，再用清水洗淨。這個方法能夠去除色斑、美白肌膚。

隔夜茶不但可以洗臉，還可泡腳，將茶水倒入腳盆中即可。將茶葉渣裝入小紗布袋中，放在浴缸內泡澡，能去除老化的角質皮膚並且清除油脂，使皮膚光滑細膩，還能使肌膚帶點清新的茶香。茶浴從裡到外溫和身體，虛寒體質的姊妹們尤為適用。

茶葉能夠美目，還能淡化黑眼圈。辦公族美眉如果因用眼過多而疲勞，可用棉片沾冷茶水敷在眼睛上，有助於緩解疲勞。或把茶葉渣裝入紗布袋中做成茶袋，閉上眼睛，將茶袋放在眼睛上，十至十五分鐘後就可以改善黑眼圈，讓妳擁有一雙動人明眸。

用隔夜茶洗頭，還可以緩解頭皮屑，讓頭髮更加光亮健康，同時解決掉髮的困擾；用隔夜茶刷牙、漱口，能預防牙齦出血、殺菌消炎；將喝剩的茶水放涼，在睡前或第二天早晨，用棉花棒沾濕眼睫毛，有增長睫毛的功效，保證是最廉價又經濟的「睫毛增長液」，趕快試試吧！

把不要的西瓜皮和茶渣組合起來，能把兩樣廢棄物變廢為寶，可以做成好用的手膜。把西瓜皮去除深綠色外皮後，洗淨打碎榨汁，加入茶葉渣，用圓身小木棒輕壓茶葉渣及西瓜皮汁的混合物，直至成為漿狀為止，直接敷在手上，再用保鮮膜包好手，敷上熱毛巾。十分鐘後用溫水把手洗淨，可以幫助皮膚排毒保濕，修護老化的手部肌膚，讓肌膚恢復生機。

怎麼樣，看起來沒有用的剩茶和茶渣，在美容護膚方面，果然有低成本大功效的超讚表現吧！

睡美人的茶葉枕

如果妳是一個資深喝茶人士，每天家中都有一些茶葉渣，不妨收集起來，做個茶葉枕頭。茶葉有除濕功效，在盛夏，枕著茶枕睡覺，可以為潮熱的脖子去除汗氣，沒有黏膩的感覺，還可以清腦安神、養顏明目。

將泡過的茶葉擰乾後倒在濾網上攤平，不要堆成厚厚的一堆，否則茶渣不易晾乾，還有可能會發霉，放在陽光充足、通風的地方自然晾到乾透。

找一塊自己喜歡的花布，裁成適合的大小，將三邊縫好，把晾乾的茶渣倒入，再將開口縫上，茶葉枕頭就做好啦！至於枕頭的大小和高度，可以根據自己的喜好和習慣而定。如果喜歡硬枕，就裝得滿一點，如果像我一樣喜歡鬆鬆軟軟的枕頭，只需要放三分之二滿即可，別填得太滿，一定要讓茶葉呈現舒服的鬆散狀態，否則睡起來會很硬哦！

還可以根據自己的愛好，在枕頭裡摻一點乾燥花，讓茶香裡再添幾縷幽幽的花香，枕在這樣的枕頭上睡一個美容覺，怎麼會變不成美人呢？

Chapter 4 又省銀子又有「面子」

我是「天然面膜」的資深粉絲

我認識一位美容雜誌的主編，皮膚超級好，年近四十了還素顏出鏡，肌膚狀態不輸豆蔻年華的少女。這位主編小姐有一個綽號，叫做「膜小姐」。這個名字的由來，是因為她在二十九歲那年得到一位資深美容師的指點，醍醐灌頂，狂熱地愛上了面膜，尤其是自己DIY的天然面膜。據她自己說，從二十九歲到三十九歲，她十年如一日地每天敷面膜，無論是多忙多累，沒有一天間斷過。如此堅持不懈一路保養下來，肌膚給她的回報比她付出的更多。任憑歲月流逝，她的肌膚基本沒有任何變老的跡象，甚至比以前還要好。

在保養化妝術中，面膜出現得很早，從古至今，面膜長盛不衰，愛美的女子們始終對面膜情有獨鍾。也難怪面膜受人偏愛，因為它確實具有優越的效果。

面膜這麼好用，美容原理是什麼呢？把濕潤的面膜敷在臉上，面膜裡的營養成分會把皮膚緊緊地覆蓋起來，阻隔皮膚與外界空氣的接觸，一方面讓水分緩緩滲透入表皮角質層，同時也防止膜內的水分很快散失，讓角質層的細胞在濕潤的環境中「喝個夠」，使深層細胞的膠原質吸足水分，這樣皮膚便會柔軟，增加彈性。與此同時，皮膚表面「蓋上了被子」，也會暖和起來，毛細血管慢慢擴張，於是加速了皮膚深層的血液微循環，增加表皮各層細胞的活力，疲憊頹態一掃而空。

在敷面膜的過程中，由於皮膚與外界空氣阻隔開，皮膚表面溫度升高，毛孔就會充分擴張，促進汗腺的分泌，有利於把毛孔裡髒東西排出來。緊接著，面膜在形成膜時，黏性成分就會把皮膚表面和毛孔裡的汙垢、油脂等黏附在一起徹底清除。有些清潔功能很強的面膜，還會加入一些粉狀的吸附劑，把油性皮膚上過多的油脂吸附掉。所以面膜清潔護膚的作用十分明顯，常敷面膜，不但可以預防痘痘和暗瘡，還有助於保養品的吸收。

面膜在臉上慢慢乾燥的過程中，會緩緩地適度收斂皮膚，增加張力，形成一種良好的刺激，讓皮膚上的皺紋舒展開來。小細紋不見了，深皺紋變淺了，OK，整個面容也就顯得年輕了。

由於面膜能夠促進具有營養性或功效性的物質滲透進入皮膚深層，人們便把這樣這些營養性或功效性物質加入面膜裡，以期取得更好的效果。於是我們的梳妝檯上，便有了各式各樣的面膜，補水的、美白的、除皺的……只要妳有美麗的夢想，面膜都可以滿足妳。

純天然、無汙染、最環保的保養方式，是今天我們最推崇的健康美容方式，也是身體最能夠接受的美容方式。閒來無事時，自己利用天然美膚材料，DIY 一些面膜，補水也好，美白也罷，十分鐘後，就能讓自己煥然一新，容光照人。

自己DIY面膜，選材最關鍵。中國的著名藥典《本草綱目》中就記載了很多製作面膜的天然材料，比如白芷、杏仁粉、珍珠粉、蜂蜜、雞蛋等等。這些都是生活中常見的東西，容易準備，成本也不高，收效卻不小，且沒有副作用，對肌膚來說安全可靠。

雖然我也常常在專櫃買各種面膜回家用，但我絕對是「天然面膜」的資深粉絲。買面膜，是成年以後才做的事，而自製面膜，卻是在剛剛萌動愛美之心的少女時代就開始了。廚房裡的新鮮蔬果，煮完飯省下的蛋白，都曾經被我悄悄地拿回房間做成面膜。

自己DIY的低成本面膜，既省錢又無防腐劑，可以天天使用，不會對肌膚造成負擔和傷害。而且「原料庫」太過龐大了，即使妳像「膜小姐」一樣，天天都敷面膜，十年下來也能做到不重複。

敷面膜的過程，也是身體和心靈休息放鬆的過程。妳所要做的只是靜靜地躺著，等待皮膚變得更美麗。在休憩中就能變美，誰會不愛面膜呢？

敷面膜之前，先要瞭解自己是什麼膚質，想達到什麼效果。自製面膜所用的材料必須新鮮，量不宜過多，現用現做才能發揮天然面膜的最佳功效。

只需花一點點心思，就可以將身邊的很多食材自製成面膜，既可以享受自己動手的快樂，又可以隨心所欲自製美白、保濕、補水等各種功效面膜，何樂而不為呢？現在來一場面膜「盛宴」吧！

現代人怎能不去角質呢？

許多人對於臉上的護理保養很重視，無論補水、美白或抗皺，都做得很到位，但卻忽略了去角質的週期性護理。一般來說，我們肌膚是有更新能力的，在正常的情況下，二十八天會代謝老廢角質細胞更新，但現代人經常飽受空氣汙染、工作壓力、熬夜的折磨，作息不規律，飲食不正常等等因素，都會影響肌膚正常的新陳代謝。

細胞如果沒有正常活化代謝，老廢角質就成了臉上的垃圾，聚積至整個表皮層，甚至皮膚表面毛孔也被許多油脂、汙垢、毒素等堵住，通道不暢通，塗抹再貴、再好的保養品也都無法吸收滲透，等於白白浪費了大把鈔票！所以在塗抹保養品之前，得先把去角質的工作做好。

也許有人會覺得，自己每天用的洗面乳都是很好的，還洗不掉老舊角質嗎？每天在洗臉時，雖然可以清除皮膚最外層的髒汙和廢物，但肌膚週期性產生的老化角質並不是靠洗臉就可以去除的，因此，每週或定期去除角質就成了必須做的功課。

在所有的護膚功課中，可能沒有比去角質更迅速見效的了。去除掉皮膚的老化死細胞、粗糙角質，可以促進皮膚的血液循環及新陳代謝，使細胞再生更加順暢，皮膚呈現出清新柔美的狀態，嬌嫩光滑的質感。去角質的同時，還能去除皮膚表面覆蓋的黑、黃色素，並消除油性斑，使皮膚潔白而有光澤。

去角質就像我們平時運動一樣，要用妳所習慣的、溫和適度的方式定期進行，不能缺乏規律性，偶爾為之卻強度過大，反而會對肌膚造成傷害。對一般肌膚而言，每週一次去角質是最基本的保養工作。若是肌膚較敏感，則需降低頻率，每兩至三週做一次，而且去角質的產品應盡量選擇溫和的。油性肌膚則可將去角質的頻率增加至每週兩次左右。

如果皮膚已經適應了定期的角質處理，那麼，間或進行一些強度較大的深度清潔也就沒有問題了。

清潔去角質面膜，美膚第一步

小米清湯面膜：深度清潔肌膚

適用膚質：油性、混合性的肌膚。

功效：經常使用能夠發揮深層清潔、美白肌膚的效果，而且一年四季都適用。缺點就是不能保存，最好現用現做。

做法及用法：先將小米放到鍋裡煮，就像我們平時熬粥那樣。將米粥上面一層的米湯撈出來，倒進面膜碗。將面膜紙放入米湯中泡開。

把臉洗乾淨後，用面膜紙敷臉，十五分鐘後洗淨。這款面膜的清潔效果很好，每週可以做二至三次。

美容原理：小米湯中含有豐富的維生素B1、B2、菸鹼酸和磷、鐵等礦物質，以及碳水化合物及脂肪等天然營養素，所以不僅對皮膚有清潔作用，還能夠很好地為肌膚補充營養。

優酪乳番茄面膜：天然卸妝面膜

適用膚質：油性、混合性肌膚；不可用於敏感性肌膚。

功效：有很好的卸妝作用，可以有效去除彩妝殘留。一週一次，適合夏季使用。

做法及用法：將半顆番茄搗成泥狀，半顆檸檬擠出汁液；取適量優酪乳，將番茄泥、優酪乳、檸檬汁倒入面膜碗攪拌均勻即成。

洗完臉後將面膜用面膜刷均勻塗到臉上，二十分鐘後洗淨。這款面膜應現做現用，不宜保存。

美容原理：番茄有很好的收斂作用，可以清潔毛孔，再加上檸檬汁的作用，能徹底清潔化妝後的皮膚，減輕肌膚負擔。

燕麥面膜：去除角質及黑頭

適用膚質：中性、乾性肌膚；不可用於敏感性肌膚。

功效：去角質，去黑頭，深層清潔肌膚。一週一次，適合春、秋、冬三季。

做法及用法：將半顆檸檬擠出汁液，雞蛋取蛋黃，加入燕麥粉、橄欖油攪拌均勻。

洗完臉後將面膜均勻塗在臉上，二十分鐘後洗淨。現做現用，不宜保存。

美容原理：燕麥是很好的潔膚高手，因為其具有粒狀組織結構、水溶性和非水溶性纖維，這些都能夠有助清潔肌膚。而且含有大量的蛋白質、維生素B、葉酸、鈣、鐵等，具有一定的潤膚功效。

薰衣草面膜：排毒殺菌安眠

適用膚質：油性、混合性肌膚。

功效：殺菌排毒、深層清潔肌膚。一週一次，適合夏季。

做法及用法：將一顆維生素E膠囊切開，將油滴入面膜碗中，倒入薰衣草粉，用清水攪拌均勻。洗完臉後均勻敷在臉上，二十分鐘後洗淨。

美容原理：薰衣草具有安神、鎮靜的作用，氣味芬芳，能夠令人的神經

鬆弛，感到放鬆，在對肌膚殺菌排毒的同時，還能夠發揮安眠的作用。

燕麥木瓜面膜：去除死皮，改善粗糙

適用膚質：所有膚質。

功效：去除皮膚表層死皮，改善粗糙狀況。

做法及用法：將燕麥片放入水中浸泡一會兒，木瓜榨汁，倒入牛奶攪拌，再加入瀝乾後的燕麥片，攪拌成糊狀。

洗完臉後將面膜均勻塗抹在臉上，十五至二十分鐘後洗淨。不宜保存，現做現用。

美容原理：燕麥具有清除肌膚汙垢的作用，木瓜中的木瓜酵素，可以溶解肌膚的老化角質，加速肌膚新陳代謝速度，油脂、角質、死皮統統掃除。

補水不能有半刻鬆懈

水做的女人更容易缺水

不知道從何時開始，各國、各地突然湧出很多辣媽，即所謂的「美魔女」，風靡網路。這些人到中年的辣媽們都有著年輕緊緻的容顏，火辣的身材，再加上富有青春氣息的裝扮，一點也看不出真實年齡。她們的護膚祕笈在網上瘋傳，擁護者眾。

我仔細看了辣媽們分享的各式各樣護膚祕笈，各有千秋，但有一點是辣媽們共同強調的，那就是補水。比如日本辣媽水谷雅子，她說自己保持逆齡肌膚的祕訣就是「補水，補水，再補水」，據說她每天拍爽膚水的時間長達一小時。

肌膚最容易缺水，一缺水就長皺紋，尤其是眼睛和嘴唇等嬌弱部位，更容易出現脫皮、出血等現象。而充足的水分是肌膚潤澤的前提，缺水會使女性肌膚提早衰老，一旦皮膚「縮水」，就會失去彈性，變得像絲瓜藤一樣脆弱，肌膚也會逐漸失去光澤，毫無生氣。一般來說，女人的新陳代謝要比男人慢一點，每天的消耗量也比男性低一些，女性因此常常比男性更容易缺水。

喜歡化妝的姊妹們，會不會對自己的妝容有類似以下的疑惑：所有彩妝都是口碑之選，但還是會經常遇到不夠服貼、脫妝的問題？這並非化妝品的品質問題，有可能是妳疏忽了妝前保養，妝前保養可是完美妝容的重要一步哦！

俗話說，好的開始是成功的一半，掌握了妝前保養的「肌」密，打造完美妝容就成功了一半。可是，不要以為勤奮的日常保養就是適當的妝前保養，二者對於功能型保養品的使用態度其實完全不同。強調美白、抗老、修護等高機能保養品會令彩妝面臨脫妝的危險，那麼妝前保養是否就需要小心翼翼呢？其實很簡單，只需要注意做到「補水保濕」得當，細紋和毛孔同樣可以得到明顯改善，此時細胞也會呈緊密的半防禦狀態，再加上適量的油脂鎖住水分，彩妝就會變得服貼了。

清楚了妝前重點保濕的重要性後，還需要依據自己的膚質狀況選擇保濕用品。或許妳已經非常瞭解自己的膚質，但仍需要注意，當環境、氣候、年齡等因素有所變化時，膚質也會隨之改變，所以，適當地調整妝前保養，可以為妳帶來持續性的收效。

首先，要準確判斷自己的膚質狀況。中性膚質的人，膚質平整，沒有太大的肌膚問題。如果是乾性膚質，兩頰則易出現雀斑，局部色素沉澱，時常伴有偶發性的脫皮、過敏現象。油性膚質臉部易出油，毛孔粗大，容易長痘痘、痤瘡。而混合性膚質是T字部位容易出油，兩頰很乾燥。

如果妳是中性膚質，可以將保濕型化妝水用手直接輕輕拍打在肌膚表面，至化妝水完全被肌膚吸收。此舉不僅可防止化妝水在臉上蒸發，還能發揮緊緻肌膚的功效。

隨後，可以使用含有微量油脂的保濕精華液，從臉的中央由下往上按摩，同樣需要按摩至保濕精華被肌膚完全吸收為止。

如果妳的保養時間有限，需要盡快結束保養步驟，可以將保濕精華塗勻後用輕拍的方式加速肌膚吸收。

乾性膚質的保濕工作需要悉心對待，不可馬虎行事。

以保濕型化妝水做為「開胃菜」，幫助肌膚提高吸收能力，利用水分軟化乾燥的角質層，利於後續保濕精華液的滲透。在使用保濕精華液時，要耐心地按摩至產品被肌膚吸收。如果已經出現局部脫皮的現象，可以在脫皮區域塗抹更多的精華液，再濕敷化妝棉，自製局部急救面膜，大約三分鐘後取下化妝棉，使用乳霜在掌心推開並按壓在脫皮區域。

對容易堆積角質的油性肌膚來說，適當地改善老廢角質問題，可以令肌膚看起來更明亮，也會為後續的彩妝效果加分。

可以嘗試將保濕型化妝水改為美白化妝水，因為美白化妝水中除了含有保濕因子外，通常還含有濃度較低的酸類成分，能發揮輕微代謝老廢角質的作用。使用方式上，需先用化妝棉輕輕擦拭全臉，再用手將化妝水輕拍至被肌膚完全吸收。最後使用保濕精華液即可，但如果妳的皮膚出油嚴重，則需要選擇控油的產品。

混合性膚質的妝前保養法可分區對待，針對T字部位易出油的部位及兩頰易乾燥的部位對症下藥。以保濕型化妝水輕拍，毛孔打開後，如果T字部位出油情況嚴重，可以使用控油的保濕精華液護理，並將產品按摩至被肌膚完全吸收。

但為了能令兩頰部位喝飽水，混合性肌膚比油性肌膚多了一道保養手續，便是將乳液放在掌心預熱推開，以手掌輕輕按壓在兩頰直到產品被肌膚吸收。

補水保濕面膜，讓肌膚散發水嫩光采

紅糖面膜——滋潤補水，美白排毒

適用膚質：中性、乾性膚質。肌膚有痘痘、痤瘡禁用。

功效：幫助肌膚有效排毒、滋潤美白、淡化色斑。

做法及用法：將紅糖放在小鍋裡，加少量礦泉水，熬成糖漿，待糖漿冷卻後使用。洗完臉後，將糖漿均勻塗抹在臉上，二十分鐘後洗淨。一週兩次，春、秋、冬三季適用。

洗完臉後將面膜均勻塗抹在臉上，十五至二十分鐘後洗淨。做好的面膜可在密封後放到冰箱裡保存，三日內用完。

美容原理：紅糖中有一種多醣物質，能夠將肌膚的黑色素從真皮層導出，具有強大的排毒功效。而且還有抗氧化、抗衰老的能力，能迅速改善乾燥與細紋，令肌膚煥發光采，富有彈性。

當歸白芷面膜——補水抗衰老

適用膚質：中性、乾性、油性、混合性膚質均適用。

功效：補水抗衰老，令膚色紅潤，富有彈性。

做法及用法：這是一款中藥面膜。將當歸、白芷、薑黃磨成細粉，按照一比一比一的比例，加適量水，調成糊狀。洗完臉後均勻敷在臉上，保持二十至三十分鐘後，面膜八成乾時洗去。此款面膜也可當做頸膜使用。一週兩次，四季適用。一次用不完的藥粉，可用紙包好，放置陰涼處保存。

美容原理：當歸能夠「滋生新血」；白芷可美白皮膚，補充肌膚水分，改善血液循環，增強肌膚彈性；薑黃能夠增強肌膚的抗氧化能力，

此三味中藥搭配使用，能夠滋養肌膚、平衡油脂，使肌膚白裡透紅，膚色健康美麗。

西瓜蜂蜜面膜——令肌膚保持水潤

適用膚質：各類膚質均適用。

功效：可使較黑的皮膚變白，收縮毛孔，補水效果極好，並可修復曬後肌膚。

做法及用法：用西瓜皮汁混合蜂蜜攪拌，做成面膜。洗完臉後均勻敷在臉上，保持十五至二十分鐘後洗去。夏季適用。不宜保存，現做現用。

美容原理：日曬後常常會感到肌膚跳動，西瓜皮可以對臉部補水降溫，鎮定肌膚。而且西瓜含有的維生素A、B、C都是保持肌膚健康的必需營養成分，蜂蜜則有很好的潤澤和柔膚效果。

蘋果蛋白面膜——明亮肌膚，改善乾燥

適用膚質：各類膚質均適用。

功效：可使較黑的皮膚變白，收縮毛孔，補水效果極好，並可修

復曬後肌膚。

做法及用法：將蘋果去皮搗成泥，調入蛋白、麵粉，攪拌均勻。敷這款面膜之前，最好先去一下角質，用熱毛巾敷臉，使毛孔打開，將面膜塗抹在臉上，二十分鐘後肌膚無緊繃感時洗去。春、秋、冬三季適用。不宜保存，現做現用。

美容原理：蛋白可收縮毛孔，蘋果能抗氧排毒，具有滋養保濕作用，做完這款面膜後皮膚會細膩白皙，充滿光澤。

草莓牛奶面膜——滋養保濕，增強肌膚彈性

適用膚質：中性、油性、混合性膚質。

功效：保濕、嫩白肌膚，增強肌膚彈性。

做法及用法：將草莓搗碎，用雙層紗布過濾，將汁液混入鮮奶，攪拌均勻後，將草莓奶液塗於皮膚上加以按摩。十五分鐘後用清水洗淨。夏季適用。不宜保存，現做現用。

美容原理：草莓具有美容、消毒和收斂作用，可增強皮膚彈性，具有增白和滋潤保濕的功效。牛奶可以清熱毒、潤肌膚，長期使用這款面膜，有助肌膚回復自然光澤及嬌嫩細滑。

3 一斑百醜，打造沒有斑點的無暇肌

去斑第一課，從一點一滴做起

色斑在臉，每個女人都會寢食不安，最想知道的恐怕就是有效的去斑方法了。知己知彼，百戰不殆。想要去斑，先要瞭解色斑形成的機制。從中醫的角度講，臉上的斑是由於經脈不通，導致瘀血內停，心血不暢，新陳代謝滯漲而使皮膚中的黑色素、有害物質等淤積在體內形成的。所以，想要從根本去斑，就要雙管齊下，內外調治，以內部調理為主，外部保養為輔。其中，內部調理要從通絡活血、排毒祛瘀、促進體內新陳代謝著手，而外部保養，就需要選擇安全有效的去斑方法，從肌膚表面加速黑色素的分解，才能更快速有效地淡化斑點。

去斑絕非一朝一夕之功，去斑的功課，要滲透到從日常生活的一點一滴中。

容易長斑的人，一年四季都要注意防曬，紫外線是大忌。外出時應做好防曬措施，盡量避免陽光直射，出門前半小時塗抹防曬乳，夏天防曬乳的防曬係數應在SPF30以上，其他季節使用SPF15的產品即可。

作息要有規律，盡量早睡早起，保持好的睡眠品質，晨起喝一杯溫水，幫助排毒祛瘀、促進新陳代謝。平時多吃含維生素C的蔬果，多喝水，保持體內充分的營養和水分，可以幫助身體排毒養顏，美白去斑。

自製美白淡斑面膜，讓肌膚更零瑕疵

紅酒面膜：高效美白，滋潤肌膚

適用膚質：中性、乾性膚質。

功效：滋潤肌膚，高效美白，增強肌膚彈性。

做法及用法：將面膜紙放入面膜碗中，倒入紅酒，面膜紙一旦接觸水分會立即漲大，倒入的紅酒的量以能夠蓋過漲大的面膜為宜；將

雙手洗淨展開面膜紙，敷在臉上，感覺面膜上的水分半乾時取下即可。

對酒精過敏的人最好不要使用這款面膜，而且紅酒面膜最好晚上使用，因為肌膚死皮去除後如果出門曬太陽，反而會加速肌膚的老化。四季適用。不宜保存，現做現用。

美容原理：葡萄帶有天然的紅色色澤，其含有豐富的抗氧化多酚，能夠增強肌膚抵抗力，並促進肌膚血液循環，使肌膚看起來白皙紅潤。敷過紅酒面膜後，肌膚煥然一新。

優酪乳珍珠粉面膜：嫩白、細膩肌膚

適用膚質：中性、油性及混合性膚質，敏感性肌膚慎用。

功效：去角質，令肌膚柔白細膩。

做法及用法：把平常杯裝優酪乳喝完後殘留的優酪乳刮起來就夠了，將一匙珍珠粉倒入優酪乳裡攪拌均勻，以熱毛巾敷臉，將優酪乳面膜厚厚塗滿全臉，靜待二十至三十分鐘後，以溫水洗淨。優酪乳面膜可以兼做洗臉之用，使用前後不必刻意清潔臉部。使用四至五回後，肌膚將會有脫胎換骨的全新感受。四季適用，密封冷藏可保存一週。

美容原理：優酪乳中含有大量的乳酸，作用溫和，而且安全可靠。優酪乳面膜就是利用這些乳酸，發揮剝離性面膜的功效，會使肌膚柔嫩、細膩。珍珠粉清熱解毒生肌，具有多種美容功效。

聖女番茄蜂蜜面膜：美白肌膚，有效去斑

適用膚質：中性、油性及混合性膚質，敏感性肌膚慎用。

功效：緊膚、滋潤、去斑、美白。

做法及用法：聖女番茄洗乾淨，放入榨汁機中打成汁；把蜂蜜調入聖女番茄汁中，攪拌均勻。洗淨臉後，把調好的聖女番茄蜂蜜面膜均勻敷在臉上。十五分鐘後用清水洗淨。夏季適用，現做現用，不宜保存。

美容原理：聖女番茄富含蛋白質、碳水化合物、多種維生素，能夠發揮嫩白去斑的作用，與蜂蜜搭配，能夠有效阻止黑色素的產生，滋潤並軟化肌膚。

半夏馬鈴薯面膜：阻退黑色素

適用膚質：混合性膚質。

功效：保濕美白、阻斷黑色素形成，延緩肌膚老化。

做法及用法：將馬鈴薯去皮洗淨蒸熟，搗成馬鈴薯泥。加入中藥半夏粉，少量純水，攪拌均勻。洗完臉後，將面膜均勻地塗抹在臉部，避開眼部及唇部四周，十五分鐘後洗淨。四季適用。密封後放入冰箱內冷藏，在五天內用完。

美容原理：半夏能夠促進血液循環，馬鈴薯中的澱粉、蛋白質、維生素可

以防止肌膚乾燥，使肌膚光潔細膩。

雙白面膜：淡化各種色斑

適用膚質：乾性、中性、油性及混合性膚質。

功效：美白滋養肌膚、淡化色斑。

做法及用法：白芷、白附子各五克，研成粉末，加入蜂蜜和少量水調成糊狀。用熱毛巾敷臉後，將面膜均勻地塗抹在臉上，二十分鐘後洗淨。夏季適用。密封後放入冰箱內冷藏，在五天內用完。

美容原理：白芷可以淡化色素在皮膚中的沉積，還可以抗菌消炎，白附子能夠淨白肌膚、去斑，常常使用這款面膜能使肌膚變得潔白無瑕。

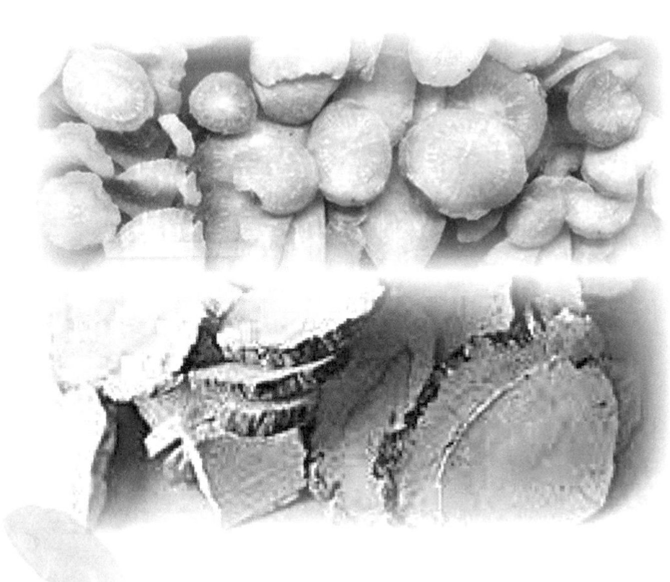

擊退皺紋，做一個禁得起審視的女子

內外夾擊，擊退皺紋

在這個被競爭、壓力所包圍的年代，人人都在為生計奔波忙碌，而堅強的女性還多一樣人生重任——護膚！清晨，當妳睡醒起床，慵懶地站在鏡子面前，眼睛無意間掃了一眼鏡子，突然瞥到眼角出現細小的紋路時，相信妳已經沒有絲毫睡意了。「My God！我有皺紋了！我都老到有皺紋了！」

不經意間，歲月已經悄悄在臉上留下了痕跡。面對突然而來的皺紋，妳是否會手足無措？相信每一個女人第一次在自己臉上發現皺紋的那一刻，心中絕對都會有很大的震撼。

皺紋是青春的敵人，每一次悄然出現，都會給愛美的女人帶來致命的一擊。從古至今，人們一直在摸索各式各樣去除皺紋、永保青春的方法。想要擊退皺紋，仍然要先瞭解皺紋形成的原因。

臉上長皺紋，最直接的原因就是體內及皮膚水分不足。皮膚科醫生說，皺紋是皮膚正常代謝功能減弱而致皮下脂肪、水分減少的表現，最終皮下脂肪變薄或消失、真皮纖維老化，皮膚彈性和張力均下降，笑、哭等表情做完後，皮膚無法復原，因此出現皺紋。

皮膚的最外層為角質層，角質層可以從體內供給水分，也可以從體外吸收水分，使皮膚保持適度的水分含量。一般來說，皮膚含水量在10至20%最合適，若低於10%，皮膚呈乾燥狀態，就會顯得粗糙鬆弛，時間長了，便會出現皺紋。

生活中有哪些因素會讓人提早產生皺紋呢？心情的好壞是護膚關鍵。一個經常悶悶不樂的人，特別容易顯老，這好像是大家都能發現的事情。長年心情抑鬱的人，不但皺紋很多，還會出現膚色黯淡無光、長黃褐斑等現象。所以，開開心心的人才能漂亮！保持愉快的心情，每天抽時間做做瑜伽和呼吸訓練，才能保持完美的肌膚不會提早出現衰老。

另外，睡眠品質不佳、過度曝曬陽光、營養不良、洗澡水溫度過高、化妝品使用不當、菸酒過度等都會加速皮膚的老化、進而提早生出皺紋。

關於抽菸，得多說幾句。抽菸易長皺紋，尤其有損女性的容顏。曾有人描繪出一副抽菸者特有的面容，稱為「抽菸者面容」：從兩側眼角和上下唇方向，出現放射狀皺紋，兩頰部還可見皮膚皺褶形成的深溝，頰部和下頜有無數較淺的細紋。抽菸者，特別是女性抽菸者，臉部皺紋的發生與增加是非抽菸者的五倍。

瞭解了皺紋形成的原因，也就知道該怎麼對付它了。對抗皺紋，要牢記三三四法則。

所謂三三四法則就是三分皮膚護理、三分飲食調整、四分心情維護。姊妹們如果能夠遵循三三四法則，就能有效預防很多肌膚問題，包括皺紋，進而避免補救的麻煩。按照這個原則，我們的抗皺方案可以兵分兩路內外夾擊，即外部護理加內部護理，雙管齊下。

外部護理，即透過臉部按摩、面膜護理等方法促進臉部血液循環和新陳代謝，進而達到改善皺紋的目的。

所謂「藥補不如食補」，任何補藥都不如合理飲食營養搭配來得徹底。合理的食補就是內部護理。多吃一些含維生素C、E和膠原蛋白的食品，比如鳳爪、豬蹄、奇異果、柳丁等，對恢復皮膚彈性會有很大的幫助。

強力除皺面膜，讓小臉緊緻有彈性

橄欖油雞蛋面膜——有效鎖水，滋潤除皺

適用膚質：乾性、中性、油性及混合性膚質。

功效：美白滋養肌膚、淡化色斑。

做法及用法：將雞蛋打散、加入半顆檸檬的汁液、粗鹽、橄欖油一同拌勻，塗於臉上即可，十五至二十分鐘後洗淨。一週一至兩次，春、秋、冬三季適用。密封後放入冰箱內冷藏，在三天內用完。

美容原理：雞蛋中含有豐富的維生素、礦物質和蛋白質，對肌膚有很好的美容效果，橄欖油又號稱「黃金液」，在防止皮膚乾燥、除皺抗衰老方面功效很強，常使用這款面膜不僅防皺，還可以促進皮膚的光滑細緻。

蛋白蜂蜜面膜——收斂肌膚，去除皺紋

適用膚質：乾性、中性膚質。

功效：黏除汙垢，緊實皮膚。化妝前做，可以延緩脫妝。也可做皮膚受傷後的緊急護理。

做法及用法：取新鮮雞蛋的蛋白充分攪拌，至全部起泡沫，加入蜂蜜，繼續拌勻即成。塗於臉部，使其自然乾燥，再用清水洗淨，可經常使用。春、秋、冬三季適用。密封後放入冰箱內冷藏，

在三天內用完。

美容原理：蛋白中含有蛋白質、蛋氨酸及維生素、磷、鐵、鉀、鎂、鈉、矽等礦物質多種營養成分。蛋白中的蛋白質胺基酸的組成與人體最接近，生物價也最高。蛋白還有清熱解毒、消炎、保護皮膚和增強皮膚免疫功能的作用。經常敷此面膜，有潤膚除皺的效果。

阿膠面膜——促進細胞再生，對抗肌膚老化

適用膚質：乾性、中性膚質。

功效：抗衰老抗皺。

做法及用法：白芨加水兩百毫升煮至五十毫升左右，過濾取汁。加入研成粉的阿膠（驢皮熬至而成的中藥）和玉米粉，攪拌成糊狀。將面膜均勻塗抹在臉上，二十五分鐘後洗淨。春、秋、冬三季適用。密封後放入冰箱內冷藏，在三天內用完。

美容原理：阿膠有促進人體細胞再生的能力，可以有效對抗肌膚老化，白芨和阿膠搭配，能夠使肌膚保持柔滑潤澤。

蘋果除皺面膜——保濕除皺，嫩白肌膚

適用膚質：乾性、中性、油性及混合性膚質。

功效：保濕鎖水，延緩肌膚老化。

做法及用法：在榨汁機裡，將四分之一顆蘋果加入少量礦泉水打成果汁，過濾取汁，加入玉米粉攪拌成糊狀。將面膜均勻塗抹在臉上，避開眼周和嘴唇，面膜乾透後洗淨。適用於秋冬兩季，現做現用，不宜保存。

美容原理：蘋果中含有的碳水化合物、果酸等，外用可細緻肌膚，強化肌膚自身的儲水功能；玉米粉可以鎖水、抗皺，激發肌膚活力，延緩老化，使肌膚變得光滑柔嫩。

杏仁粉蜂蜜面膜——減少皺紋，令肌膚細滑

適用膚質：乾性、中性、油性及混合性膚質。

功效：美白滋養，減少皺紋。

做法及用法：將杏仁粉兩匙，蜂蜜一匙，一起放入面膜碗中攪拌成糊狀。均勻塗於臉上，面膜半乾時洗淨即可。春、秋、冬三季適用。密封後放入冰箱內冷藏，在三天內用完。

美容原理：杏仁中含有豐富的低脂蛋白，不僅可以滋養皮膚，還有不錯的美白效果。

Chapter 5

聰明女人這樣買化妝保養品

1 會買還要會用，讓每一分錢都花得物超所值

為肌膚建立一份檔案

哪個女人的梳妝檯上沒有一堆瓶瓶罐罐呢？這些瓶罐們不但花了不少錢，還寄託了妳對美麗的許多夢想和期待。可是，梳妝檯上的瓶瓶罐罐都用盡了，依然達不到期望的效果。皺紋、鬆弛、眼袋、黑眼圈，斑點……無論花多少錢，用了多少高檔的保養品，似乎都對這些「有關面子」的問題束手無策。

同樣的保養品，有些人能塗出一臉嬌顏，有些人卻是白白燒錢，成效不彰。什麼是好的化妝品？不是最貴的，也不是最時尚的，而是最適合妳的。不用太苦惱，也不用太迷信廣告，事實上，妳就是自己的皮膚專家，妳的肌膚會告訴妳，哪些是它需要的，哪些是它拒絕的，哪些對它來說是多餘的，甚至是有害的保養品。

比如有些簡單的常識，姊妹們都知道，如果自己是乾性皮膚，使用了控油能力太強的洗面乳或是鹼性的潔顏皂，會把肌膚的油分全都洗掉，反而令肌膚更乾，緊繃繃的很不舒服。這表示皮膚缺油，應該選擇性質溫和的潔顏產品。

又比如，水油不平衡的油性皮膚，平時看起來油光滿面，似乎並不缺水，但用了化妝水或保濕類產品，會覺得皮膚有微微的刺痛，這表示妳的肌膚處於極度缺水的狀態，非常敏感。突然遇到水分刺激才會有這種反應，應該使用具有角質修復作用的高保濕產品。

假如妳的肌膚是很健康的年輕肌膚，卻使用了高營養的抗衰老精華素，不但浪費錢，還會因為皮膚無法吸收而長脂肪粒，美容不成反「毀容」。

為自己選一套合適的保養品，有時候比選一個合適的男朋友還重要，當然值得妳認真做功課。首先要為自己建立一個皮膚狀況檔案表。拿一枝筆和一張紙，把自己曾經用過的所有保養品的名稱、類型、劑型、品牌以及使用後的皮膚反應和狀況都記錄下來。還需要寫下皮膚以前發生過的問題，皮膚現在的狀況，以及平常的護膚習慣和生活習慣，比如每天洗幾次臉？每天睡幾個小時？喜歡吃什麼口味的食物？……進行仔細分析，搞清楚自己的肌膚究竟適合什麼樣的保養品。

瞭解自己需要的，下一步要做的功課，是盡量收集妳所關心的保養品資料，好好研究一下，保養品裡的護膚成分究竟是什麼？效果好不好？品牌信譽度如何？是否在自己的消費能力內？做好這兩步功課，妳就可以逐漸清晰地知道自己的肌膚究竟需要怎樣的保養品了。

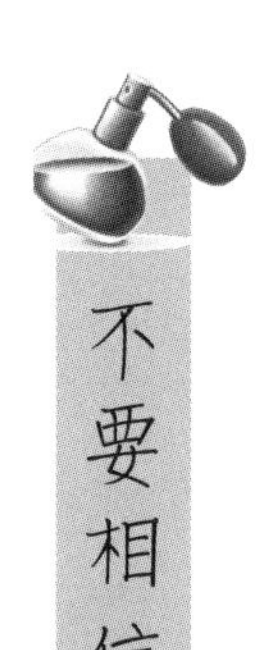

不要相信萬能化妝品的神話

姊妹們，誰都想讓自己變得更完美，想花更少的錢解決更多的肌膚問題，於是有人迎合我們的這種心理，喊出口號「多種肌膚問題，一種解決方案」、「一瓶多效，能用一生的肌膚保養品」，千萬不要相信這樣的廣告！

永遠不要冀望世上有一種產品能解決所有問題，既能除皺，又能美白，還能抗衰老、去斑……妳指望一個產品實現這許多的功能嗎？舉個例子，首先防曬和其他功能就是矛盾的，物理防曬還好，但化學防曬最重要的原則就是不能被皮膚吸收，那些號稱防曬之餘還能美白抗皺之類的功能性成分，怎能打破矛與盾的糾結而被皮膚吸收，進而生效呢？

清楚地解讀化妝品名稱才是理智的消費，所謂萬能化妝品，只是一個華麗的稱謂罷了。

世上任何事，都有主要矛盾和次要矛盾這一說，總得一個個逐一解決。臉上的事情，不可急於求成。買保養品，要搞清楚自己臉上的主要問題是什麼，如果主要問題是乾燥，功夫就要下在補水上，別指望補水的同時還能去斑；如果臉上狂長痘痘，當務之急是去痘，別指望有什麼產品去痘的同時還能美白。

如果把一瓶萬能化妝品買回家，只能是什麼肌膚問題都解決不好，甚至一點也解決不了，後果就是浪費時間又浪費金錢。

塗抹保養品配合按摩，效果更好

保養品買回家還要懂得正確使用，不只是塗塗抹抹那麼簡單。有些產品，比如眼霜、精華素、乳液，一定要配合正確的按摩手法，才能確保肌膚充分吸收保養品的營養，讓每一分錢都花得值得。

臉部按摩的手法有三個原則，只要能做到這三點，就能保證不會出錯。

第一，使用按摩霜或乳液進行按摩時，應從臉頰的中部向兩側按摩，也就是沿著肌膚的紋理和血流的方向進行按摩，千萬不要搞錯方向，「人為」地製造皺紋。

第二，有人在塗抹保養品時，喜歡在臉頰處做「打圈」按摩，甚至有些美容院在為顧客做保養時也有這樣的手法，這是錯的，應該按照同一方向反覆進行按摩。

第三，按摩眼部時，應當用中指和無名指，因為眼睛部位的皮膚非常嬌嫩，這兩根手指一直被稱為「美容指」，按摩的力度恰到好處。

按摩眼部，促進眼霜的吸收

塗眼霜時，配合正確的按摩手法，不但能促進吸收，發揮保養品的最大效果，還對消除眼袋與黑眼圈有一定的作用。

Step1：把眼霜擠在中指和無名指上，輕點在雙眼的上下眼瞼周圍。

Step2：用中指從上眼瞼的內側圍繞雙眼畫圈，注意力度要輕柔適中，重複五至六次。

Step3：用中指與無名指輕輕地按壓眼窩的邊緣，按壓五秒鐘後放鬆，重複五至六次。能夠緩解眼睛疲勞，促進血液循環，淡化黑眼圈。

按摩臉頰，保持肌膚緊繃

Step1：將潤膚乳或精華液均勻地塗抹在下顎、前額和雙頰上，用五個手指按逆時針方向按摩整個臉頰：從下顎延唇角和鼻翼向上按摩，至眼窩後畫弧線向臉頰按摩，直至回到下顎。重複按摩動作直到保養品被全部吸收。

Step2：右手的食指與中指做出「V」的樣子，夾住左腮部，從左到右輕輕拉伸整個下顎，重複五次後，換左手的食指與中指拉伸右腮部，這個動作能消除胖胖的「雙下巴」，令臉龐線條更精緻。

Step3：用雙手的手指（不要用手掌）自下顎向臉頰上面做按摩，至耳垂停止，重複五次。

按摩脖子，預防頸部皺紋

Step1：雙手塗上脖子專用的頸霜，由鎖骨處沿著頸部向兩腮推拿按摩，直到頸霜被完全吸收。

Step2：還是剛才的動作，反方向由兩腮沿著頸部血管和淋巴向鎖骨處進行按摩，直到頸霜被完全吸收。

倒一倒、壓一壓、剪一剪

我和一位女性好友屬於同一種膚質，所以兩個人選了同一品牌的化妝品，每次都結伴一起去專櫃買化妝品。時間久了她總是很納悶，為什麼她的化妝品三個月就要補充一次，我卻能用四個月甚至五個月之久。

「難道我的臉特別大嗎？」她鬱悶地說。哈哈，當然不是，她的巴掌小臉比我要精緻得多。只是，使用保養品也要「精打細算」，好容易選到適合自己的保養品，當然要多用一次是一次，讓它們盡可能地為肌膚服務，如果是昂貴的保養品，多用幾次更划得來。時間長了，實惠耐用的效果就出來了。

有時候，看起來已經用完的保養品，如果能倒一倒、壓一壓、剪一剪……還能再用好幾次。

有一些乳液狀的瓶裝化妝品，只需將瓶子倒過來，倒置半天或一天，讓乳液慢慢流下，絕對還能擠出好幾次的用量。有許多按壓吸管式的精華液，因為吸管沒有頂到底，往往還會有很多液體殘留在瓶底，但是按壓不出來了，如果可以把蓋子擰開，倒置之後至少還能用三、四次。

硬鋁製包裝的管狀化妝品或片裝的試用包，若用手擠總會有一些藏在包裝的皺褶裡出不來，這時候找枝平滑的筆管，壓一壓、擀一擀，發現又可以繼續用啦！

有些管狀化妝品——很多洗面乳和面膜都是這種包裝，用到最後總有一些擠也擠不出來。如果這時把它扔掉了可就太浪費了，可以動用剪刀大法，用乾淨的剪刀延尾部剪下，就發現管口和管壁還堆積著很多化妝品，至少還有三次以上的用量。

有些面霜的包裝是不規則的瓶子，雖然看起來可愛美觀，不過用到最後都會比較痛苦，瓶子凸出去的一塊明明還有很多，但是很難弄出來，如果用手指，每次都會挖到指甲裡。拿一根棉花棒就輕鬆多了，小巧的棉花棒不但可以把面霜輕鬆地挖出來，而且乾淨衛生。

2 洗面乳看好成分表，不花冤枉錢

有人統計過，如果一個人從十五歲至六十歲每天洗兩次臉，那麼一生至少要洗臉三萬兩千八百五十次。所以，洗面乳陪伴妳的時間，或許比某個人都要長，選擇合適的潔顏用品，絕對是一件大事哦！

清潔是護膚步驟的第一步，潔顏產品是否合適，直接關係到膚質的好壞，如果有的姊妹們抱怨「用很貴的保養品，為什麼皮膚還是不好？」就要想想護膚的第一步，妳做好了嗎？

臉洗不乾淨，皮膚的角質層會越來越厚，引發粉刺、膚色暗沉等問題，進而影響保養品的吸收，無論把多麼好的保養品擦在臉上，肌膚也「吃」不進去，反而變成汙垢殘留在肌膚上，保養就白做了，錢也白花了。因此徹底潔顏是最重要的事，白天臉上的汙垢油脂，要在睡前洗乾淨，睡眠時產生的汙垢油脂則要在次日早上徹底地洗掉。

至於怎麼選擇適合自己的洗面乳，我覺得首先還是要搞清楚其基本清潔原理，才能清楚瞭解哪種洗面乳適合自己。

現在市場上賣的潔顏產品林林總總，泡沫的、不起沫的、皂狀的、粉狀的……我要說的是，形態不是選擇洗面乳的重點，也不在美白、去痘、保濕等這些廣告語標榜的功能上。因為潔顏產品的親水性決定了它在肌膚上只停留最長不到兩分鐘的時間，一些有效成分很難在臉上殘留下來，別指望在這麼短的時間裡達到其他目的，清潔乾淨皮膚才是最重要的，所以洗面乳的成分才是選對潔顏用品的重點。

現在市面上的洗面乳產品，在成分上分為兩大類，一類是皂化配方，一類是表面活性劑配方。皂化配方，說白了就是含有皂基的產品，皂基是皂類產品的基礎，擁有強大的去脂和去汙能力的同時，對皮膚也有一定的刺激性，長期使用會洗掉過多的皮脂。

怎麼確認手裡的那瓶洗面乳是否是為皂化配方呢？化妝品中用到的強鹼一般有：氫氧化鈉、氫氧化鉀、三乙醇胺等；用到的脂肪酸一般有：硬脂酸、月桂酸、肉豆蔻酸等。比對一下，成分表中如果同時出現強鹼及脂肪酸，那這款產品就屬於皂化配方。

有些皂化產品中直接就加了皂基，這些配方的產品中無一例外會添加一些保濕性以及油脂性的成分，來緩解洗後皮膚由於乾澀產生的緊繃感。但是這些成分在皮膚上停留的時間非常短暫，根本達不到保養的目的，還有可能會引發痘痘，而強鹼性的成分對皮膚的刺激持續存在。

表面活性劑配方的潔顏產品，主體就是表面活性劑。表面活性劑也有好有壞，好的表面活性劑是胺基酸系表面活性劑，多採用天然成分如玉米、椰子油等為原料製成，所以相當溫和。一般用於化妝品行業的胺基酸系表面活性劑有：椰油醯谷氨酸鈉、椰油醯谷氨酸二鈉、月桂醯谷氨酸鈉、椰油醯基谷氨酸TEA鹽、椰油醯谷氨酸鉀、椰油醯甘氨酸鈉、椰油醯甘氨酸鉀等。而十二烷基硫酸鈉、月桂醇聚醚硫酸酯鈉等就屬於壞的表面活性劑。

可能大多數姊妹們都會對這種拗口的化學名詞沒概念，其實我們每天都在接觸它們，例如洗滌劑、洗衣精、廚房清潔劑等的清潔成分主要就是上面兩者，想像一下，用這種配方的洗面乳等於是用洗碗精、洗衣精在洗臉，皮膚能舒服才怪呢！

說完了洗面乳的成分，那麼到底什麼類型的肌膚用什麼類型的洗面乳呢？

基本上我們的肌膚類型也就是分為油性、混合性、中性和乾性，肯定是要根據自己的膚質來選擇產品嘍。

油性皮膚因為皮膚分泌油脂多，所以清潔能力強的洗面乳，通常需要添加一些皂劑產品。因為皂劑產品去脂力強，又容易沖洗，用後皮膚會感覺非常清爽。

混合型皮膚主要是T字區易出油，而臉頰部位一般是中性，還可能是乾性。所以這種皮膚要考慮整個臉的平衡，最好在濕潤的夏季用一些皂劑類洗面乳，而在相對乾燥的秋、冬季節，因為油脂分泌沒有那麼旺盛，換成溫和點的洗面乳會比較好。

泡沫型洗面乳中 MAP（Magnesium Ascorbyl Phosphate，維生素C磷酸鎂鹽）清潔力較強，比皂劑產品又溫和許多，所以建議混合型皮膚可以選擇這類產品。

中性皮膚是最容易護理的，通常選用泡沫型洗面乳就可以了。當然，如果在秋、冬時節感覺皮膚比較乾，可以改用一些非泡沫型洗面乳。

乾性皮膚往往是比較敏感的，需要小心呵護，千萬不使用泡沫型洗面乳。一般來說，「泡沫越多保濕度越差」，從理論上來講，保濕度與起泡度是成反比的。所以乾性皮膚姊妹們更適合使用非泡沫型洗面乳來減少皮膚水分的流失，也可以選擇一些清潔油、清潔霜。

3 護膚保養品到底用多少才算剛剛好？

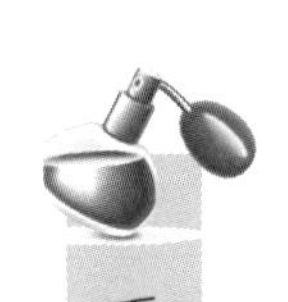

不同的保養品，用量不一樣

媽媽那一代人，最看不慣揮霍，最常說的就是：「東西要省著點用，細水長流。」但是我發現我媽媽用其他東西很節省，用保養品時卻很「浪費」，把一張臉塗得油光光、亮閃閃的。

我很不解地問她，為什麼要在臉上塗那麼大量的保養品呢？她簡單地回答我：「用太少就沒效果。」

確實，用太少沒效果。很多人覺得，專櫃名牌面霜只要用一點效果應該就很好了吧？昂貴的面膜，一片得多敷幾次。可是，有時在用保養品時小氣摳門，根本不會省錢，因為保養品的效果無法發揮，對皮膚根本起不了什麼作用。此時節省，反而是一種浪費。

但是，難道像我媽那樣，用得越多效果越好嗎？當然也不是！保養品的用量得剛剛好才對，用少了沒效果，用多了堵塞毛孔，影響代謝，造成肌膚沉重的負擔。那麼這個「剛剛好」到底是多少？不同的保養品，用量也不一樣，有的可以偏多點，有的用多了就是浪費。

這些保養品應該用得大方點

在用量上最應該大方的是化妝水，化妝水是最直接緩解肌膚乾燥、為肌膚補水的產品，用量應該寧多勿少，至少要確保拍濕全臉。如果化妝水用量不足，就會造成肌膚缺水，久而久之，皮膚就會因此變得乾燥粗糙，還會影響對其他保養品的吸收，水嫩的肌膚才能確保後續保養品的有效吸收。所以無論是美容達人還是美容專家，都建議化妝水可以多多益善，哪怕不小心倒多了也沒關係，可以把棉片沾濕敷在乾燥的臉頰上，也可以用它繼續輕拍脖子和手背。

化妝水適宜的用量，需要把化妝棉完全浸透，但不能滴落。如果倒在手心，大概直徑三公分左右，也就是約十元硬幣的大小。

除了化妝水，面膜用起來也不能太小氣，厚度不夠還不如不敷。很多人為了節省面膜，很在意用量，每次在臉上薄薄地敷一層，連皮膚本身的顏色都蓋不住。其實，與其這樣敷面膜，還不如不敷，根本無法發揮面膜的效用。護理皮膚時，面膜的厚度很重要，尤其是清潔型面膜，因為它要清潔毛孔裡的汙垢，去除角質，所以對厚度的要求就會更多一點。

許多人在用卸妝油時會犯了小氣的毛病，倒不是因為卸妝油價格昂貴，而是因為卸妝油塗在臉上感覺比較油膩，不喜歡多用。卸妝油的清潔原理是乳化作用，如果用量很少，就不能充分將彩妝乳化。而且，卸妝時一般都會使用化妝棉，用量過少會造成皮膚被摩擦拉扯，久而久之就會扯出皺紋。卸妝油的用量可以按照彩妝的濃淡來定，如果是按壓式包裝，一次的用量應為按壓二至三次為宜，如果不是，則要使用十元硬幣大小，有一個基本的準則：就是在摩擦時，要能夠感到棉片在皮膚上的移動很平滑，不會卡卡澀澀的。

塑身霜可以燃燒脂肪促進代謝，是想瘦身的懶人們的好選擇，但很多人都會抱怨瘦身霜無效，傾注了太多期待，最後腰圍卻連一寸也沒減少。採訪一下使用瘦身霜成功減掉贅肉的姊妹們，成功關鍵字就是：捨得！

塑身霜這種產品很特殊，不僅要滋潤肌膚表面，更要能充分滲入肌膚，才能打散脂肪，同時還要在肌膚表面發揮聚合、提拉的緊緻作用，因此用量必須要多。如果用量少的話，不但無法溶解脂肪，就連提拉的功效也很難發揮，塗了半天等於白費工夫，所以，用塑身霜時千萬別再小氣了！

塑身霜的正確用量：根據每個人的身材不同，需要減肥的部位的不同、體質不同，用量也有所不同，沒有統一標準。最簡單考量標準是：一個月至少要用掉一瓶，才能生效。

這些化妝品應該用得吝嗇點

就算不在乎錢，有些化妝品的用量也應有所限制。用太多，白白浪費不說，傷害皮膚就不好了。在辦公室裡，我看見有些女同事隨身帶著潤唇膏，一會兒就拿出來塗一下。潤唇膏的成分一般是由礦物油、色素、香味劑等組成的，這些東西有時可能會吸附空氣中的灰塵，同時還會吸收水分，這些水分一半來自空氣中，一半就來自我們的嘴唇本身。如果嘴唇上塗了太厚的潤唇膏，唇部皮膚就不能自己調節和分泌油脂進行自我保護，時間久了，嘴唇會乾裂得更加嚴重。

潤唇膏的正確用量是：一天使用不要超過二至三次。而且在使用之前，一定要把嘴唇擦洗乾淨，讓嘴唇能夠自由呼吸一段時間。

以下這個錯誤是油性肌膚的人比較容易犯的，因為經常會覺得臉像油田，怕臉上的油洗不掉，洗面乳總是忍不住擠了一次又一次。時間一久，皮膚不但沒有變好，反而更容易出油了，為什麼呢？

這個道理就像洗衣服時放洗衣粉一樣，如果洗衣粉的用量太大，不但洗不乾淨衣物，還會在衣服上留下白色痕跡。清潔力的強弱並不與清潔產品的用量成正比，適合肌膚的才能洗乾淨。洗面乳用多了，也會沖洗不乾淨，殘留在臉上反而導致更多肌膚問題。

如果是膏狀的潔顏產品，正確用量是每次擠出約為小拇指第一指節的一半那麼多就足夠了；如果是乳液狀的，平鋪在手掌心大約為兩公分的圓型即可。洗臉時，能保持洗面乳覆蓋全臉並且不會滴落，在臉上打圈二至三分鐘，都沒有乾澀感，並且很順暢，這個用量就是最合適妳自己的。

使用精華液，就像我們往銀行裡存錢一樣，是為未來積聚青春本錢。所以精華液要發揮效用，不靠揮霍靠堅持。很有錢也罷，肌膚狀況很差也罷，都不要把精華液當化妝水用。因為精華液的濃度相當高，用量有一定的標準，全臉塗抹厚厚的精華液也達不到什麼非凡效果，反而會造成肌膚的負擔和損傷。想要維護好的皮膚狀態，就是要持續、固定地使用適合的精華液。

一般來說，純液體的精華液，一次用二至三滴，就是精華液正確用量。

眼周的肌膚很薄，幾乎沒有毛孔，眼霜使用過多會造成眼周皮膚的負擔，造成脂肪粒出現。脂肪粒消除起來很難的。但是絕對有許多人在發現眼角出現第一道細紋時，抑制不了心中的恐慌，會厚厚地塗上眼霜試圖讓細紋消失。這樣完全沒用！眼霜，用一粒米大就足夠。不是小米也不是玉米，而是白米。與精華液一樣，比起使用量，更重要的是良好的使用習慣，持續使用才是眼霜能否發揮效果的關鍵。

4 精華液的省錢用法全攻略

為什麼要專門拿一節出來說精華液呢？因為在我們所有的保養品中，精華液絕對可算是一個大手筆的投資。

精華液昂貴的價格一直與它神奇的功效齊名，各種化妝品品牌推出的精華液愈來愈多，罐罐價格不菲。精華液之所以能賣這麼貴，是因為它堪稱肌膚的強力「補品」，內含各種肌膚所需成分，可同時解決乾燥、粗糙、暗沉、細紋等問題。尤其是當肌膚面臨熬夜、壓力、地心引力等挑戰時，精華液中的濃縮成分，能夠在很短的時間裡滲透到肌膚底層，直接給予細胞養分與能量，「拯救」肌膚危機。

精華液的種類非常多，功效各樣不同。在下手之前若不知它的「葫蘆裡究竟賣什麼藥」，很有可能買到不合適的產品，荷包可是會傷心的哦！

精華液根據質地的不同，有精華液、精華露、精華素膠囊等不同產品，但是並不意味只要有「精華」二字的產品都是精華液，建議姊妹們在選購精華液之前，一定要問清產品中到底有什麼精華成分，還要比對同系列產品中精華液成分的含量，只有成分精純，具有密集、速效的改善效力的產品，才是妳需要的護膚精華，千萬不要花大價錢買回魚目混珠的「假精華」。

不同的膚質選擇的精華液類型也不同，如果是乾性皮膚，應選用保濕成分、油分較高的精華液，這類精華液用後能在皮膚表層形成一道保護性的油膜，防止水分蒸發；中性膚質選擇的範圍比較大，可以選擇自身條件需要的各類精華液，如美白、除皺、緊緻等；油性肌膚則要選用能夠緊膚、控制油脂分泌、收縮毛孔的精華液，例如植物精華液。

由於精華液的分子非常細，有人認為洗乾淨臉後，最先塗抹精華液有利於養分的吸收。非也，非也！洗完臉後並不是保養品吸收的最佳時機，使用精華液應在護膚程序中的第三層，也就是在洗面乳、化妝水之後使用。因為化妝水能夠幫助皮膚有效地吸收水分，直接導入皮膚深層，使皮膚的柔軟性和彈性更好，輔助肌膚吸收精華液的營養，更利於精華液深入到深層肌膚。所以在用精華液之前，千萬不可怕麻煩，要給肌膚拍足夠的水。

和面霜一樣，精華液也要在塗抹完之後輕輕按摩，這樣可以提高吸收率，達到更好的效果。

有些人覺得，既然精華液這麼強大，用了精華液之後，就可以把後續的保養程序省略，不用再用乳液和面霜了。大錯特錯！肌膚所需的基本養分，仍應靠乳液、面霜等保養品給予，精華液只是發揮強化與促進的作用。

基礎保養品與精華液之間的關係，就如同補品與均衡飲食之於健康。「補品」是在肌膚狀態不佳、疲倦時救急，或是在日常保養之餘進行重點強化。發揮精華液效果的前提，是要做好日常的基礎保養，如果本末倒置，覺得精華液好，就只靠精華液保養肌膚，細胞原生的防禦與修護能力反倒容易陷入疲態，到時，用再高檔的保養品也不見得有效果。

如果妳擁有好幾種精華液，先恭喜妳多金，哈！那麼先後順序該怎麼用呢？很簡單，有個原則：先用質地較稀薄的，後用較濃稠的，或根據精華液到達肌膚的深度順序，依次為保濕、美白、抗皺。

另外，使用多種精華液時，最好分區使用，既滿足肌膚的需要，又不會太浪費。比如，抗鬆弛精華用在U字部位、保濕精華用在兩頰、控油精華用在T字部位、再配合一款只針對斑點的局部美白精華，擁有無瑕美肌絕對不是問題。

不少人喜歡在護膚時先敷面膜，再拍化妝水、塗精華液什麼的。我建議順序換一換，試一試在敷面膜前用精華液。精華液做為基底液使用，可以幫助後續保養品吸收，在大量塗抹精華液後再敷上面膜，吸收的效果會翻倍。

好吧，下面再免費奉送一個私家美容小方，經我多年實踐，效果超讚。誰都知道牛奶是美白的聖品，如果把美白精華液與牛奶結合起來，會白到什麼程度呢？

要讓牛奶的美容加倍，就要靠美白精華液了，而且如果妳精明地算計一下，就會發現這樣比買昂貴的面膜要省下許多花費，效果一點也不差，還可以每天使用，這樣簡單又省錢的方法，不試試，難道等著後悔嗎？

選一瓶適合自己的美白精華液，點三至四滴在牛奶裡，拌勻，取化妝棉在牛奶裡浸透，敷在臉上，頸部和耳後，化妝棉乾了後撕下，雪膚美人的效果就出來了。

5 眼霜用對了，效果更升級

選對眼霜，眼部肌膚逆生長

如果說女人一輩子都在跟老化戰鬥，那麼驚現於眼周的第一道細紋，無疑就是敵方下的第一道戰書了。據說，眼部的肌膚比其他部位的肌膚要提前八年衰老。N多年前，女人的基本常識是二十五歲後開始使用眼霜，但是現在美容專家建議使用眼霜的年齡竟已不到二十歲。

都說微笑的女人最有魅力，可是我小時候，總看見一個鄰居阿姨瞪著眼睛笑，看起來不但沒有魅力，還怪怪的，她是害怕一笑眼角會出現煩人皺紋。眼角紋一旦出現，年齡看起來像是瞬間老了五歲。

可是，即使是很多人早早就使用眼霜，依舊阻止不了眼部肌膚發生老化的現實，如何讓眼霜發揮最大作用，才是成功的決定性因素。其實眼霜啊，用得早、用得多，都不如用得對！

眼周肌膚確實太過嬌弱，呵護不夠不行，營養過度也不行，所以選擇適合自己的眼霜和正確的使用方法非常重要。選擇眼霜，要考慮到自己的年齡、肌膚特性、生活環境等因素，只有選對了適合自己的眼霜，才能夠讓眼部肌膚逆齡生長！

二十歲的女孩，皮膚狀態還很年輕，但是如果不注意保濕補水，也很容易出現細紋乾紋，此時最好開始預防乾燥，建議使用容易吸收的、有水潤保濕功能的眼霜。如果眼霜對妳的肌膚來說過於油膩，用久了，眼部周圍不但會長脂肪粒，皮膚還更容易出現鬆弛、黯淡。

假如已經長了脂肪粒，也不要沮喪，還是有辦法解決的，除了趕緊換用水質眼霜及做好日常清潔外，還應每天或隔一天敷水分滲透面膜或一些保濕的面膜。改善了肌膚的新陳代謝後，脂肪粒就會自行脫落，眼部肌膚也會更加水潤，吸收力更好。

到了二十五歲左右，歲月的痕跡開始慢慢顯現，補水保濕的眼霜已經不能滿足肌膚的需求了。這時眼睛需要一些更加滋養的眼霜。建議二十五歲左右的姊妹們選擇滋潤修護眼霜，可以平滑細紋，加強肌膚的細嫩度，使肌膚變得更有光澤。

過了三十歲，肌膚微微鬆弛，眼頭和眼角外側開始出現纖細的皺紋，如果保濕護理功課做得認真，還有改善的餘地。建議使用具有抗氧化功效、滋潤度高的緊緻抗皺眼霜，抵抗皺紋和減緩眼袋。

年近四十歲，眼睛周圍的肌膚失去緊繃感，眼角的皺紋進一步增多加深，看起來越來越清晰。

如果已經出現這種狀況，光是保濕和滋養都已經不能滿足肌膚的要求了，建議使用能刺激膠原蛋白增生，能幫助肌肉放鬆的眼部產品，並配合按摩手法來緩解皺紋。

有一些人，屬於眼睛早衰的高危險族群，不但應該早用眼霜，最好還能夠未雨綢繆，把時間表稍微提前一點點。比如，在二十五歲時就使用滋潤度較高的抗皺眼霜，三十歲時開始則改用含有膠原蛋白成分的眼霜。

所謂的高危險族群，都是指哪些人呢？比如眼睛近視但不願意戴眼鏡的人，要看清楚遠處的東西常常需要瞇起眼睛，皺起眉頭；比如由於職業、性格等等因素常常笑臉迎人的人；比如身處的環境特別乾燥，肌膚長時間處於缺水狀態的人；比如用眼過度，眼部肌肉極度疲勞的人。這些人都特別容易長表情紋和乾紋，所以一定要好好地用眼霜。

使用眼霜的NG案例

雖然大家都知道眼霜的重要性，但確實有一部分人還是不用眼霜的。她們總有一個錯誤的觀念：面霜可以取代眼霜。她們認為，眼霜較之面霜，只不過更加細膩、高級一些，且價格不菲，用適合自己的面霜替代也可以。

的確，有些眼霜和面霜目的都是為了滋養肌膚、為肌膚補充營養，保持緊緻、保濕並延緩皺紋的出現。但是，眼霜和面霜仍然不可相互替代。

眼周肌膚這一小塊區域，和其他部位的肌膚是不同的，是臉部肌膚中角質層最薄、皮膚腺體分布最少的部位，無法承受過多的營養。所以眼霜最關鍵的功能在於滋養成分要恰到好處，而有效成分的分子小、滲透性佳，才能被眼部肌膚快速吸收並發揮功效。

眼霜和面霜的油性和水溶性成分的配比完全不同，面霜的主要作用在於持久滋潤肌膚，需要大分子的保養成分來滯留於皮膚表皮。如果用油性的面霜代替眼霜，不但不能給眼部肌膚提供營養，還會增加不必要的負擔，令眼睛周圍長滿脂肪粒。

使用眼霜的第二個普遍錯誤是，早晚用同一種眼霜，甚至只在晚上使用，白天不塗眼霜。事實上，早晚都應該使用眼霜，而且最好將功能區分開來，白天主要使用具有隔離、滋潤功能的眼霜，晚上則選擇具有修護功能的。

有些人，眼霜用則用矣，但只用一半地方，認為只塗在眼睛下方及眼尾就足夠了。這樣用眼霜的可怕後果是什麼?若干年後，上眼皮終將抵禦不了歲月的侵襲，鬆弛下垂，令人顯得蒼老憔悴。

臉上最早出現的皺紋的地方是眼角的三道魚尾紋，所以很多人會把保養重點放在眼角，這當然是對的。但臉部最早鬆弛老化的區域是眼睛下方和上眼皮，雖然這個區域的衰老沒有魚尾紋那麼顯眼，卻更加脆弱。所以眼霜不能只使用在眼角，而是應塗抹於眉骨與下眼眶之間的圓形範圍內，上下眼瞼、眼窩和眼角都不能忽視。

使用眼霜正確的手法是順著內眼角、上眼皮、外眼角、下眼皮以環形輕輕按摩，讓肌膚完全吸收營養成分。

有一些熟齡女性準備非常多的眼部護理產品，在眼霜之外還買了眼部精華。同時就有些人認為，眼部精華效果更好，用了眼部精華就不用再用眼霜了，以免肌膚吸收不了那麼多養分，造成負擔。

NO！不行的。

眼部精華和眼霜的關係就好比內衣和外衣，總不能只穿著內衣出門吧？所以使用眼部精華之後，一定要使用眼霜，這樣才能更完整地鎖住精華中的營養物質，令它持續發揮作用。

如果妳買了全套的眼部保養品，正確的使用順序應該是眼部精華、眼膜和眼霜。先用眼部精華，可以促進眼膜中營養成分的吸收。敷完眼膜後，稍加按摩，待皮膚吸收養分後，直接塗眼霜，鎖住精華和眼霜中的營養成分。

有一點要提醒各位，很少有眼部專用的化妝水，所以化妝水千萬不要用在眼部，尤其是一些有促進細胞再生功能的化妝水，用在眼部會長眼袋的。

不同的眼霜解決不同的黑眼圈

肌膚不但以眼周部分最薄，而且這一小塊地方黑色素活動得還非常活躍，加上年齡增長、外來刺激等因素作祟，許多人都難逃黑眼圈的魔掌。一旦有了萬惡黑眼圈，整個人看起來總像很累的樣子，既憔悴又顯老。

很多保養品牌都推出了針對黑眼圈的專用眼霜，但這並不意味著買回家就可以高枕無憂了，眼霜如果選錯了，用再多也徒勞無功。黑眼圈只有一種，但成因卻有多種，解決黑眼圈，要抓住「元凶」，根據不同的成因選擇不同的眼霜。

一般情況下，黑眼圈分為三種，買眼霜之前，要先判斷到底是什麼原因令自己成了「熊貓眼」，再選擇適當產品加以改善。

第一種是「循環型」熊貓眼，因血液循環不暢導致眼周肌膚泛青，這是最常見的黑眼圈類型。眼下的血管在平躺時，能夠隨著眼尾的方向流向頸部方向。然而，若是經常熬夜、長時間加班盯著電腦等原因，使得眼下血管受到地心引力影響，無法順著眼尾方向順利流動，血液循環差，就會產生血液遲滯的問題，不流動的血液造成血紅素沉澱，同時也使得血紅素因缺氧顏色變成大面積的膚色暗沉，就變成了黑眼圈。拿台灣來舉例，海島型氣候造成過敏性體質令呼吸系統循環不好，讓八五%的台灣女性都屬於循環型熊貓眼。

對付這種類型的黑眼圈，改善的目標是促進血液循環，可以選擇含維生素A酸和維生素E成分的眼霜，前者能加速肌膚細胞代謝，促進膠原蛋白生成，而後者是絕佳的抗氧化劑。

第二種是「黑色素型」熊貓眼，這種黑眼圈有可能是受到遺傳影響，也有可能是因為過度頻繁地刺激眼周肌膚，或是卸眼妝過於頻繁，導致眼周出現褐色的黑色素沉澱。

有色素沉澱的黑眼圈，可使用添加有代謝功能的美白眼霜，添有維生素C及其衍生物成分的眼霜，能夠避免黑色素產生。

第三種是「鬆弛型」熊貓妹妹。有人天生眼皮就比較鬆，再加上眼周脂肪較少，鬆弛加上凹陷的眼皮肌膚皺縮在一起，在臉上形成半月形的陰影，在視覺上就會令人感覺顏色較深。這種黑眼圈可以使用加強眼周彈力的眼霜，促進膠原蛋白及彈力蛋白增生，眼睛就會變得年輕有活力。

6 用錯防曬乳，鈔票統統捐給紫外線

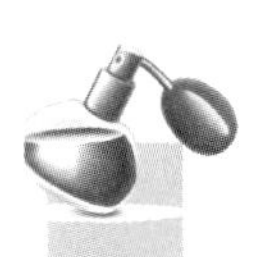

防曬講究高度專業

在護膚的所有程序中，防曬絕對是一項專業的工作，防曬得當，才能呵護臉蛋，預防老化，讓肌膚保持柔嫩動人；防曬不當，不但會讓肌膚被曬黑，還會由於紫外線的傷害，帶來一連串的肌膚問題。

防曬乳的作用是將皮膚與紫外線隔離開來，只有正確使用防曬乳，才能讓防曬乳發揮最大的功效，有效預防黑色素的產生，曬不黑、曬不傷，時刻保持青春光采。

用錯防曬乳，是在所有護膚盲點中出現頻率最高的，一般在防曬時都容易掉入哪些護膚陷阱裡呢？讓我來為各位總結一下。

首先，防曬係數不是越高越好。每種防曬乳都是有它自己的防曬係數的，即SPF。SPF的意思是皮膚抵擋紫外線的時間倍數，是這樣計算出來的：一般，我們黃種人皮膚平均能抵擋陽光十五分鐘而不被灼傷，那麼使用SPF15的防紫外線光用品，便有約兩百二十五分鐘（十五分鐘×SPF15）的防曬時間。所以說SPF後面所標明的數字，就是說明產品防曬時效的長短。

既然是這樣的話，選擇SPF越高的防曬乳，不是越省事嗎？既不會被曬傷又不用補妝。當然不是了，不論是化學防曬乳還是物理防曬乳，都對皮膚有一定的刺激性，能少用盡量少用，並不是選用SPF值越高越好。選擇哪種防曬指數的防曬乳，要根據紫外線輻射的強弱及肌膚暴露時間的長短來決定。

皮膚科醫生建議，日常生活中至少要使用大於SPF15的防曬乳，才能防止紫外線輻射對人體造成的傷害。如果去游泳或做日光浴時，則應該選用SPF20～30的防水性防曬乳，才能達到保護肌膚的目的。

如果妳要去游泳，手邊又沒有SPF20的防曬乳怎麼辦呢？塗兩層SPF10的防曬乳可以嗎？很遺憾，SPF值是不能累加的，即使塗兩層，也只有一層SPF10的保護效果。防曬乳不但多塗沒有用，不同品牌的防曬乳也不能混合使用，各品牌防曬乳的成分並不一致，混用會增加皮膚過敏的機率，還有可能導致成分之間的相互干擾甚至排斥，影響了防曬效果。

使用防曬乳的另外一個常見盲點是臨時抱佛腳。很多美眉每天早晨塗好保養品，再加一層防曬乳後就急著出門了。千萬不要臨出門才塗防曬乳，哪怕用的是宣稱「立即見效」的產品。防曬乳需要一定的時間在皮膚上形成一層均勻的膜，才能給肌膚很好的防護。記得要提前半小時擦好防曬乳再出門，如果實在是著急，也應該至少提前十分鐘使用。

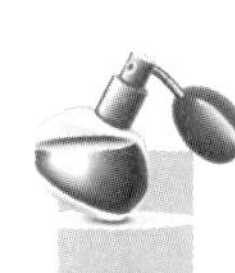

防曬乳應該這樣用

防曬乳應該在使用護膚用品後再塗抹，不能在上妝前使用，這個常識人人都知道，不過用什麼樣的手法塗抹防曬乳，才能發揮最好的防曬效果呢？

首先要用中指和無名指由內向外，輕柔地把防曬乳塗在臉頰上顴骨突出的地方，這裡最容易曬到太陽，也最容易長斑。鼻子容易油膩，防曬乳的用量可以稍微少一點，由上往下輕輕帶過，鼻翼部分容易堆積化妝品，應使用粉撲用按壓方式塗抹。以畫圓的方式來塗抹下巴，另外延伸的臉部和頸部也需要用粉撲輕輕擦上防曬乳。眼部下方不能忘記（最好能使用眼部專用的防曬眼霜），從內眼角往眼尾方向按壓式塗抹，用中指和無名指腹輕輕按壓。細微的地方，比如髮際線、嘴角都是容易忽略的區域，要用粉撲輕輕按壓。

如果長時間地待在室外，最好隨身帶一小瓶防曬乳，肌膚長期暴露在紫外線下，不可能塗一次防曬產品就可以一勞永逸，而要根據妳的防曬乳 SPF 係數，隔一段時間再補擦一次。

防曬乳有水性和油性的區別，是為了滿足不同膚質的人的需要。油性肌膚的人宜選擇滲透力較強的水性防曬用品；乾性肌膚宜選擇霜狀的防曬用品。

根據化妝品公司的調查，絕大多數人的防曬乳用量都只有標準用量的四分之一到二分之一，殊不知用量不足等於白白浪費，這會導致防曬乳的防曬能力大大降低，從標注數值諸如 SPF30 驟然跌落到 SPF2.5。

要使防曬乳物盡其用，塗抹量要充足，務求達到一定厚度，以每平方公分的肌膚塗兩毫克為準。換句話說，用量要達到一枚十元硬幣那麼大才行。一瓶三十毫升的防曬乳，在夏天應該一個多月用完。還要強調的是，雖然有些 BB 霜、粉底也有防曬功能，但盡量不要用它們來代替防曬乳。這些產品是有顏色的，要是用到足夠多，臉色就慘不忍睹了。但它們可以用在防曬乳之後，修飾一下某些防曬乳造成的煞白臉色。

7 用粉底「省料」就等於省錢

「非均勻塗抹」省錢又好看

有個鐵一般事實，那就是無論化妝品再怎麼漲價，妳都不可能不用它。

給女人出道選擇題：如果只能擁有一件化妝品，妳會選什麼？上一代人，也就是我們的媽媽阿姨們，也許會選口紅，而我們，一個被當今時尚薰陶過的女子，肯定會選粉底。

Why？因為我們都見識過粉底的奇效，它能夠低調、不動聲色地調節膚色，遮掩皮膚的缺點，讓人悄悄達到「氣色好」的效果。所以，在過去的幾次經濟危機中，口紅銷量都會直線上升，出現「口紅效應」，但是現在口紅卻不靈了，悄悄地被「粉底效應」所取代。

在化妝品中，粉底不是最貴的，但用量卻是最大的。尤其是需要常常補妝的姊妹們，會發現一

瓶新買的粉底，沒用多久就已經見底了。

如何使用粉底才能發揮最大的功能與經濟效益？

教大家幾個使用粉底的省錢小妙方，不僅可以從點滴中節省下大筆金錢，還可以讓我們擁有更加高超的護膚、化妝技巧。既可省錢又能變美，還有比這更划算的事嗎？

有許多人為了追求美白效果，粉底的用量很大。這真是費錢又不討好的做法，如果把整個臉都均勻地塗上一層厚厚的粉底，會像戴了一層假面具，讓妳的臉失去立體感，妝面非常僵硬而不自然。

高明的化妝師提倡的是「非均勻塗抹」，粉底不需厚薄一致地塗在臉上的每個部位，只要在臉色比較暗沉的地方和有斑點的地方塗一些，而額頭、鼻尖、下巴等部位稍稍塗一點就足夠了。也就是說，在需要遮蓋的地方厚一點，不需要的地方薄薄的就對了。

到底塗多少粉底才是最合適的量呢？

千萬不要感覺「完全合適」，因為當你覺得完全合適時，粉底的量已經過多了。實際上要有一種在全部塗完之後，感覺稍微有些不足，是最合適的量。

使用海綿上妝時，為了避免妝感過重，無論妳使用哪種形狀的海綿，都要用面積最小、最窄的尖端沾取粉底，這樣才能減少用量。

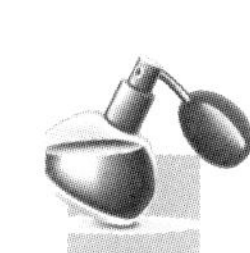

選擇適合自己的粉底

在這本書裡，我反覆強調一件事：適合自己的就是最好的，不適合的就是浪費！不同膚質的姊妹們塗抹的粉底不同，弄清楚粉底的類型和自己的膚質再進行選擇，把最適合自己的買回家，才是划算的消費。如果皮膚特別乾燥，就應該選擇油性粉底。什麼樣的粉底算是油性粉底呢？在產品成分表中，如果首先列出油脂，水或其他成分排在第二位或第三位，那麼它就是油性粉底。這類粉底通常都比較黏稠，使用時，可先將化妝海綿用水打濕，再用沾濕擰乾的化妝海綿沾取塗在臉上，雖然油性粉底不易塗抹均勻，但只要方法得當，仍可在臉上薄薄地分散開來。

如果是中性或乾性肌膚的姊妹們，使用水性粉底較合適，這類粉底易於在臉部皮膚上延展開來，妝感清透，感覺很輕盈。

怎樣辨識水性粉底？同樣，產品成分表如果首先列出水，那麼它應該就是水性粉底，這所謂的水性粉底，並不是說這類粉底不含油脂，只是所含油脂量不如油性粉底那麼多。

對油性皮膚的姊妹們來說，適量地用些粉狀粉底可以減少肌膚的油膩感。有些粉狀粉底與粉餅相似，只是粉狀粉底用於皮膚時沒有光澤感，會在臉上表現出透明的效果，特別是粉餅般的效果。所以，如果皮膚乾燥，千萬不要買這種粉底，否則會感覺皮膚更乾燥，而且如果皮膚脫屑，使用這類粉底後會在臉上迅速表現出皮膚毛糙，甚至還會出現可怕的「魚鱗」。

確定了適合自己的粉底的性質，下一步就是選擇合適的顏色了。

對於粉底的顏色，唯一能找到合適粉底的辦法就是試用。切記，不要讓櫃姐在妳的手臂和手背上試用粉底，因為這些地方的皮膚顏色和臉上是不同的，在這些區域試用完全不可能挑選到合適粉底哦！

最正確的辦法是，從顴骨往下到下巴的豎線上，分別塗抹三種不同顏色的粉底，看看哪個顏色效果最好，如果還是不確定，還可以在額頭上試試。

挑選粉底顏色時，要先找到合適的光線。化妝品專櫃一般使用鎂光燈，會讓粉底顏色看起來不真實。走到戶外的自然光下看看，這樣選出來的粉底才萬無一失，那種不易察覺的、能和臉部皮膚完全融合在一起的，是最適合妳的顏色。

一般來說，夏天和冬天的粉底顏色應該要有些調整。

夏天的粉底應該比冬天使用的再深一個色階。如果妳的膚色恰好介於兩個色階之間，怎麼都找不到最合適的顏色，那就買兩個色階調和起來使用，依然是一款最適合妳的粉底哦！

請記住一個重點：化妝品是擦在寶貝臉蛋上的，它的終極目標是讓我們變得更漂亮！我們提倡在最省錢的前提下最美麗，絕不是在損顏的前提下最省錢哦！這個邏輯關係要是弄錯了，可真是要人命了！

所以說，省錢也不能太勉強，一切節約都是在安全有效地使用化妝品的基礎上進行的。

用了一年還沒有用完的粉底液，度過一個冬天後，如果出現油水分離現象，有些人把瓶身搖一搖，看起來油水再度融合了，就接著用，殊不知油水分離代表著產品已經變質，不要為了省錢而勉強使用油水分離的粉底液！無論多麼節儉的人，對這樣的粉底液只有一個解決方案——扔進垃圾筒！再節約的人都不會吃變質的食物吧？同樣地，妳也不能給肌膚吃變質的保養品。

當粉餅出現結塊，不易沾取時，也是變質的徵兆。有些人會為了省錢，會將粉餅取下，放在容器中壓碎當成蜜粉用！這樣的方式雖然能省錢，但卻也是「品質無保證」的用法，令人為肌膚捏一把冷汗。

化妝品的保存期限一般都是三年，但是開封後，保存期限就會大大縮短。一般開封後的粉底的保存期限都在六至十二個月，粉狀的可能還要好一些，特別是水凝基和精油基底的粉底液和粉底膏，絕對是病菌喜歡的溫床。

過了保存期限的粉底會變色變味，千萬不要捨不得，毫不猶豫地扔掉吧！因為過期變質的化妝品給肌膚帶來的傷害是無法預測的。

8 不實用的眼影買了就是燒錢

關於眼影，我有話要說

關於眼影，我絕對有話說。眼影堪稱是我多年的痛，在無數失敗眼妝的經歷背後，眼影儼然成了我化妝路上的技術障礙。

眼影化好了，絕對是整個妝容的點睛之筆，賦予眼部立體感，並透過色彩的張力，讓整個臉龐嫵媚迷人。

相反地，眼影畫不好，會令整個妝容毀於一旦。所以說，不論是色彩或質感，在搭配使用上，選擇適合自己的眼影，必然是不可忽略的重要環節。

在選擇眼影方面，我可謂是走過了漫漫長路。最初學化妝時，喜歡豔麗的色彩，加上眼睛太大，每每化好眼妝都惹人竊笑，說像是剛上完妝的京劇演員。

一直沒有找到適合自己的眼影，卻有勇於嘗試的勇氣。各種小色塊買回一大堆，擺滿半個梳妝檯，摸索了好久才找出合適自己的顏色和畫法，那些再也用不到的眼影，就當作繳學費吧！

那麼，如何選購眼影呢？我有點經驗之談跟各位分享。

選擇眼影時總是難以抉擇的姊妹們，千萬別冒險買大包裝，有許多小塊顏色的眼影盒會是絕佳的選擇，可以讓妳在花同樣錢的情況下，有更多的嘗試機會。

不管妳的眼睛是什麼顏色，都不要買一款和妳眼睛的顏色一樣的眼影。只有帶出對比，才會讓妳的眼睛看起來更有神采。這個原理也適用於戴了彩色放大片的眼睛，不要買跟妳的隱形眼鏡顏色一樣的眼影。

決定是否購買之前，一定要好好檢查眼影的顏色「抹出來」與「看起來」是否一致。劣質的眼影往往看似色澤飽滿，抹出來卻輕描淡寫，這種眼影妝效不持久，還會在雙眼皮開合處留下難看的「粉痕」。挑選時眼影時，還要考慮與自己的眼線筆搭不搭，先將任何幾款眼影顏色抹在手背打底，試著用自己現有的眼線筆往上畫，最好能輕易上色，不會打滑，否則該品牌的眼影妳就可以不必考慮了。

根據眼形畫眼妝

人們都喜歡大眼美女，似乎眼睛越大越好看。其實不然，對打造美麗的眼妝而言，杏仁眼是最理想的眼型了，如果擁有這種眼型，妳大可以盡情施展，只需要拿起眼線筆，從內眼角一路畫到外眼角——盡情凸顯這種眼型本身的美麗就是了。如果在上眼皮處使用彩色眼影，能讓眼睛顯得更大。

在為深深凹陷的「歐式眼」打造眼妝時，要使用亮彩點亮雙眼神采。在眼皮上使用鮮豔的顏色，能讓眼睛看起來沒那麼深陷，也顯得更大。也可以在靠近睫毛根部的位置塗上一抹弧狀亮色，再在眉骨下方塗一抹暖色，以打造出具有異域風情的立體眼妝。最後，記得在用深色眼影填滿睫毛根處的皮膚，可以讓睫毛看起來更密更長。

湊得較近的雙眼，化眼妝時的要點就是將最淺最亮的顏色用在內眼角處，按照從內眼角到外眼角的順序，由淺而深使用眼影色，這樣就能造成雙眼距離拉開的視覺效果。在畫眼線時，記得從外眼角往內眼角方向畫到眼睛三分之二的位置即可，能讓雙眼距離看起來舒展很多。

相較起來，眼距大的雙眼就比較好打理了。像杏仁眼一樣，畫眼線時儘管想怎麼畫就怎麼畫。絕大多數人都不敢在內眼角處塗深色眼影，但有一雙分得比較開的眼睛，大可以這麼做，能使鼻子看起來更挺拔迷人。

泡泡眼就是稍微有點腫腫的眼睛。為這種眼泡腫腫的眼睛化妝，應該先用暖色調的修顏粉塗在眉骨部位，往上抹勻抹開直到眉毛。用顏色最淺的眼影粉刷在眉毛的正下方，塑造出立體妝型。接著用同樣的淺色點在眼皮處，以豎直的手勢抹勻。豎直塗抹的眼影，能使眼睛顯得更大。

人們把鼓脹凸出的眼睛稱為金魚眼，如果是這樣的眼型，最好是化眼部裸妝或是在整個妝容中淡化眼妝，以轉移人們對眼部的注意力。要是塗太多深色眼影，會讓金魚眼更加顯眼；若是用了太淺、太亮的顏色，會讓眼睛看起來更鼓。如果實在很想嘗試色彩豔麗的眼影，可以刷在下眼瞼的睫毛根處，這樣能夠轉移別人注意的焦點。這樣的眼型不要畫眼線，貼上濃密的假睫毛就很好，睫毛長長的，就會顯得眼睛沒那麼鼓了。

9 化妝品採購、保存全攻略

當個聰明消費者

時尚界有個職業，叫做採購。採購是這個領域的專家，他們往返於世界各地，以目標顧客的時尚觀念和趣味為基準，挑選不同品牌的時裝、珠寶、皮包、鞋子，以及化妝品。

我們一般人雖然難以具備採購那樣的專業素質，也沒有那麼大的採購量，但是每年為自己買下的化妝品也不少，與其在百貨公司裡漫無目的左逛右逛，最後禁不起櫃姐的熱情介紹，買了很多自己不需要的產品，還不如提前做好功課，修練一下自己的採買功力，做一個精明的採購，不再花冤枉錢。

想當一個合格的採購，有五個購買技巧必須要做到。

首先，不要急著出門，先在家裡做好功課。現在，大部分品牌的產品都有自己的官網甚至網路賣場，不妨先在網上看看想買品牌的簡介，看看其他人的評論和使用心得。比起踩著高跟鞋、提著購物袋在百貨公司東張西望來說，邊喝咖啡邊在電腦前有條不紊地做出決定，不是更好嗎？

決定好就可以胸有成竹地出門了，不過，千萬別忘了要素顏前往。如果妳的購買清單裡有彩妝品，這一點尤其重要！在購買粉底、BB霜、粉底、腮紅等彩妝時，盡可能素顏去，因為上妝後化妝品與臉上分泌的油脂充分融合，會呈現出不同於妝前的顏色。櫃姐只有在看到妳真正的膚質和膚色後，才能實際瞭解妳的皮膚類型和色調，進而更準確地推薦產品。所以，想要找到適合自己的顏色就不要化妝後去採購，素顏試用效果才是最準確的。

很多姊妹們都喜歡在下班後去逛賣場，因為這段時間比較充裕，可以從容地慢慢逛，其實這並不是最佳的購買化妝品時間。櫃姐為了在最後的時間裡提高當日銷售業績，往往會加倍熱情地向妳推薦，擾亂妳的決定。購買化妝品的最佳時間正是我們認為最不合適的購物時間，即上午十點到十二點，這段時間大部分百貨公司幾乎都很清閒，此時去挑選商品，可以避免與其他客人搶位置，從容地坐下來諮詢，還可以讓櫃姐親自試妝，試用新產品。

有時候，只有在清理梳妝檯時，才發現自己有許多化妝品是雷同的，比如同一種顏色的指甲油有兩瓶，或色差不大的眼影兩盒。犯了重複購買的錯誤，是因為沒有養成列出購買清單的習慣。有時我們可能會在閒逛時，心血來潮地買了一款產品，眼影也好，口紅也好，拿回家之後，發現以前買過類似的顏色。保養品也是如此，有些產品的功能相似，買一種就行了。比方說，如果妳有一款具有深層清潔功能的洗面凝露，那就不用再買同類的洗面乳了。

第五個購買技巧，與產品的包裝有關。最好盡量買泵壓式，少買罐取式或沾取式的化妝品。泵壓式的產品由於瓶子裡的內容物不會與外界接觸，所以不容易變質，保存期限相對就長一點。但是如果妳買了一個瓶口很大，而且需要挖著用的產品，就會很容易變質了。

但是有時候，想買的產品不一定有泵壓式的包裝，有許多保養品都是罐取式的。這樣的化妝品，有時會對送一枝小挖取棒，盡量用這個小棒來取，別用手指去挖，如果沒有小挖取棒，可以改用棉花棒。而且，化妝品最好買小容量，一季就用完。有人可能會說，買小包裝的化妝品，怎麼能算是合格的採購呢？當然要買大容量，價格才划算。這話確實沒錯，但很多時候妳用到一半就不想用了，這是更大的浪費。當然這一點並不絕對，要加以區別，像沐浴乳還有洗髮精就都可以買大包裝的，其他的買小瓶就行。小包裝一般都能真正用到完，所以一定要明白，買小瓶的有時反而更划算！

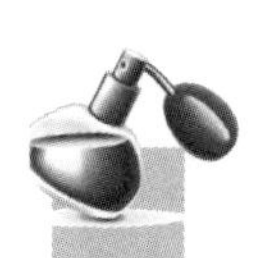

想延長使用年限，絕對不能怕麻煩

相信每個熱愛整潔的女子，都曾經為收納和保存物品的問題苦惱過。我一直致力研究如何才能讓梳妝檯看起來更整潔、怎樣能有效地保存化妝品、保養品，防止因人為原因而提早變質等等重大課題。

化妝品、保養品是很嬌貴的，要想盡可能地保存好一瓶產品，在溫度、光線、汙染等等方面都要注意。

想要保存好化妝品、保養品，就不能怕麻煩。一般的產品差不多都有三至五年的保存期限，不過那是指未拆封之前的狀態，如果已經開封了，保存期限就只有天知道了。如果把化妝品放在陰涼乾燥的地方，保存一、兩年不會有太大問題。即便如此，為了保險起見，最好在化妝品開封使用前，在瓶身黏上或寫上拆封日期，更要定期檢查化妝品是否有出油、油水分離等異狀出現。

現在市面上有很多旅行用的化妝品、保養品小包裝，就是許多小瓶小罐或小盒子，做為分裝使用，方便出門旅行。這些旅行裝還有一個更實用的方式，如果妳有些化妝品已經用到所剩不多，但是它的包裝卻很大、很佔地方，可以換成小瓶節省空間，讓梳妝檯更整潔有序，方便使用。分裝更重要的好處是可以防止汙染，大包裝產品開封後，分裝成小瓶、小罐，原本的大包裝重新封存，就可以避免在使用、接觸的過程中，因細菌繁殖使化妝品氧化或提高含菌量。

有很多梳妝檯設計得都非常巧妙，有很強大的收納功能，抽屜有高矮不同的分隔，妳可以把同類型的化妝品放在同一層裡，整理歸類後，能清楚知道這類型產品已經買了多少，下次購買時，妳就不會再買那些用不到的，避免因為重複購買導致還沒開封就過期的浪費現象出現。

即使再不願意打掃，也必須要保持梳妝檯的清潔。因為化妝品是和肌膚直接親密接觸的，除了防止變質外，絕對不能與灰塵為伍，否則灰塵爬上臉，可是有損面子的問題。

除了防塵，化妝品、保養品還得注意防光。

化妝用品是最「見不得光」的，因為化妝品、保養品內的成分多為化學合成，就算是標榜天然原料的產品也還是會經過一些化學處理，強烈的紫外線有一定的穿透力，日光容易讓成分發生化學反應，使油脂和香料產生氧化現象、破壞色素，改變其組成結構，產生質變，用了對皮膚有害。有些經常開車的姊妹們為了方便，會把化妝包放在車裡，車裡高溫密閉的環境，更容易使化妝品、保養品變質。

所以，化妝品、保養品應避光保存。我們平時看到的精油包裝，在深色的玻璃瓶外，還會罩一個木盒子。這就是最好的避光保存方法，不妨借鑑一下。找一個不用的禮品包裝盒，木質或厚紙板的禮盒都可，盒身必須很乾燥，把這一季暫時不用的化妝品收到盒子裡。一旦被請進盒子，化妝品、保養品就成了嬌客，不會碰到水、灰塵，也不會被陽光照射。

盒子要放在乾燥通風處。潮濕的環境是微生物繁殖的溫床，使含有蛋白質、脂質的化妝品中的細菌加快繁殖，發生變質。有的化妝品的包裝瓶或盒蓋是鐵制的，受潮後容易生鏽，鐵鏽腐蝕瓶內膏霜，使之變質。

如果妳覺得有必要，可以專買一個木箱，換季時把化妝品收進去保存，像這種擱在箱子裡、盒子裡的一般保養品，會有三到五年長的保存期限，只要很正確地使用，三年是沒有問題的，就是開過封的也沒關係。

另外，對化妝品、保養品來說，高溫也是一種「汙染」。

在買化妝品時，不知道妳是否有過這樣的感受，在化妝品專櫃試用化妝水時居然是溫熱的，原來是被燈光烤熱的。溫度過高也是一種「汙染」，會使化妝水加速變質，所以化妝水一定不能放在光源附近。

在居室中，存放化妝品的地方溫度應該在35℃以下。溫度過高會使成分中的乳化體遭到破壞，造成油水分離，粉膏類產品乾縮，導致變質失效。

許多人習慣把面膜放進冰箱，覺得敷面膜時冰涼涼的很舒服，這實在是個壞習慣。從極熱到極冷的轉換中，妳所享受的短暫快感是以皮膚受到的巨大刺激為代價。

這個過程中很容易引發皮膚隱形的傷口，造成皮膚發炎，這是皮膚老化最重要的誘因，色素沉澱也可能隨之而來。

而且，溫度過低會使化妝品、保養品中的水分結冰，乳化體遭到破壞，融化後質感變得鬆散，失去原本的效用。廠商在調配產品時，都會在正常的室溫下進行，所以即使在夏天，也能夠在常溫下保持穩定性，所以放入冰箱冷藏實在多此一舉。

如果妳已經把化妝品放進冰箱裡，就別再拿出來了，以免化妝品忽冷忽熱，加速了變質的速度。

一些常見化妝品的保存方法

大多數潔顏產品一般都是放在浴室裡，為了讓洗面乳用得更久些，建議浴室一定要每天開窗或開排氣扇通風，給化妝品「透氣」，還要注意擰緊洗面乳的瓶蓋。潔顏皂放在潮濕環境裡，很快會變軟或變形，不過倒不必擔心變質，因為潔顏皂的成分性質很穩定，而且因為含有植物油和精油，本身質地較柔軟。但是每次洗完後不要讓它躺在皂盒裡，避免因為潮濕而融化「瘦身」，最好是立起來放在通風處，不僅能盡快乾燥，形狀也比較容易保持。

唇膏可以說是化妝品中最穩定、最易保存的，因為唇膏的基本成分是蠟，是一種非常穩定的物質，很多廠商都會將唇膏的存放期限定為五年。天氣熱時，打開唇膏，常會看見一層細細的水珠，就好像唇膏在「出汗」一樣，遇到這樣的情況大家總會有些顧慮，心想它是不是變質了。其實這樣的擔心是多餘的，即便唇膏「出汗」仍然可以放心使用。

睫毛膏的保存期限很短，只有三到六個月。每次用睫毛膏時，最好螺旋式地拔出睫毛刷，使用完畢再將刷頭螺旋式地推回管中。直接拔出和塞回會把空氣推入管內，加速睫毛膏氧化變質。由於睫毛膏容易乾掉，很多人一個月就換掉一支睫毛膏，這樣是很浪費的。可以用噴瓶裝入純水，在乾掉的刷頭上噴灑兩下，再轉入管中，這樣乾掉的睫毛膏就能稀釋，延長使用的壽命。但是切忌直接往睫毛膏中注水。

在化妝品中，壽命最長的是眼線筆，一般的眼線筆可存放十幾年，放在室溫下即可。不過液狀眼線筆只能存放三到六個月。至於眼影，霜狀眼影的期限為一至兩個月，儲存在室溫下即可，一旦開始變濃或結塊時就該扔掉。

香水一般可存放一年左右，儲存於室溫下即可。當香味變淡、發出酸味時，就不能再用了。

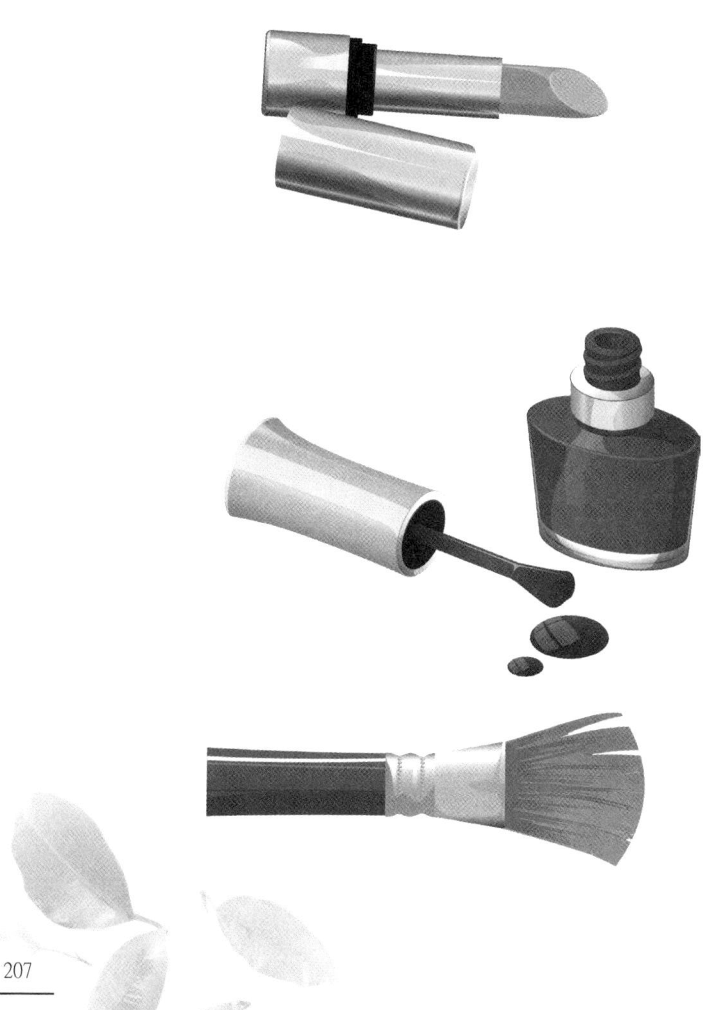

10 定期保養化妝工具，讓它們「超齡服役」

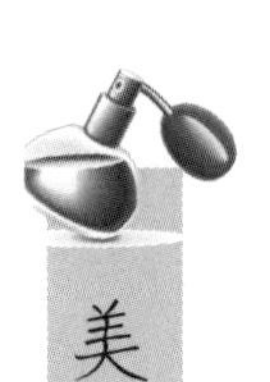

美女的必備「妝」備

相信凡是愛美的女子，不可能沒有化妝品。但是做為一個美女，都需要哪些「妝」備呢？首先得有一個化妝包，因為僅僅在家裡把化妝品備齊，這可遠遠不夠哦！出門時也要帶足「妝」備，才能有備無患，時刻保持美麗。

化妝包一般有兩類：一類是日常每天攜帶在身上的小型化妝包；還有一類是旅行使用的化妝包，旅行用化妝包體積較大，可以把日常所用的彩妝品、保養品統統收納進去。

化妝包一定要大小合適，便於攜帶，同時質感也一定要好。因為化妝包是女人的心愛之物，好的化妝包能讓心情愉悅，裡面裝著美麗的動力，會源源不斷地滋潤妳愛美的心靈。

一般來說，化妝品不一定件件都是名牌，但我建議大家，一定要擁有幾件名牌產品，每個品牌都有它的明星產品，把這樣的經典產品收為己有，打開化妝包時，妳一定會覺得很欣慰。

隨身攜帶的化妝包裡只放一、兩樣化妝品應該就可以應付了，通常是使用率較高的唇膏、化妝鏡和補妝粉底等，一旦需要重新化妝或補妝時就會比較方便。

如果妳要出門好幾天，就需要一個中型化妝包了。裡面應該準備哪些「妝」備呢？我認為一定要準備兩支口紅，一支是冷色調，一支是暖色調，外加一支護唇膏，時刻保持嘴唇的潤澤；一面迷你化妝鏡當然必不可少；還有根據衣服顏色搭配的眼影；冷暖不同色調的粉底液；冷暖兩色的腮紅。

有一個東西對妝容特別重要，就是補水保濕品，它可以提供臉部肌膚必要的水分，讓上妝更容易。當然還要有睫毛夾、睫毛膏；最好還要有一套比較小型的保養品和潔顏用品。一瓶體積比較小的香水此時也能派上用場，打造自己獨特的香氛。手是女人的第二張名片，所以別忘了帶一支護手霜在化妝包裡。最後，為了在化妝時避免手上的細菌接觸到臉部皮膚，脫脂化妝棉和棉花棒也是不可或缺的。

好，只要有這樣一個包包隨身帶著，無論是臨時有約會，還是出席活動，哪怕邂逅白馬王子也不用慌張了，保證妳能時刻亮麗！

化妝工具清單

化妝工具也是美女的「妝」備中不可或缺的。除了化妝品，哪些化妝工具是妳必備的呢？

刷子：無論是刷腮紅、眼影，還是粉底，都離不開刷子。化妝刷的品質要求很高，必須製作精良，太硬、太軟都不行。所以買刷子時不要貪便宜，最好選購以動物毛髮製作的產品。動物毛髮本身有一層護膜，便於沾妝粉，而化學合成纖維做的刷子則比較滑，看起來更亮一些，但飾粉不易刷勻。刷毛應該結實整齊，不能隨意一動就掉毛。

鑷子：即使妳從來都不化妝，眉毛也一定要修整，修整過的眉毛，即使不化妝也很美，潦草雜亂的眉毛絕對是女人的敗筆。最好選擇鑷口呈斜面的鑷子，便於控制和操作，還要給鑷子準備一個小帽，不用時要罩上。

海綿：當我們用液狀化妝品塗抹鼻翼、嘴角、眼周以及髮際處時，海綿是最好用的工具。選擇海綿時要考慮握在手裡的感覺、裁切的角度、素材的密實度，還有和皮膚的附著力等等，形狀一般選擇楔形或圓形的比較好。

棉花棒和棉質軟紙巾：這些工具的作用相當於橡皮擦，修飾一些細微之處。當眼影塗得過重，可用棉花棒擦掉；也可以用來吸乾或去掉多餘的妝粉；棉質軟紙巾更適合卸妝，比棉花棒快得多，這些不起眼的小工具是化妝、卸妝離不開的小幫手。

睫毛夾：在選擇睫毛夾時一定要考慮自己眼睛的大小和線條形狀。對金屬敏感的人，應該選擇塑膠或樹脂等非金屬製成的睫毛夾。

粉撲：在選擇粉撲時要注意重量和厚度，感覺一下握感是否舒適。

做好清潔工作才能延長化妝工具的壽命

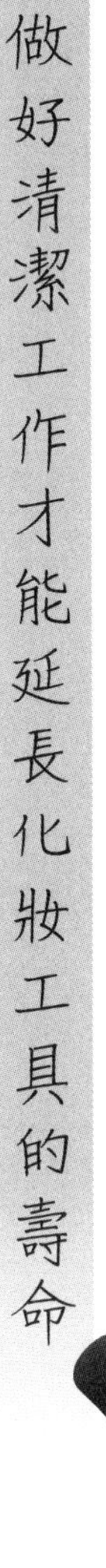

化妝工具如刷子、眼影棒、粉撲等工具，直接接觸皮膚和化妝品，容易把皮膚上的油脂或汗水沾到化妝品上，所以必須定期清洗才不會影響化妝品的品質，也不會引起顏色的混雜造成彩妝的色彩變異或不均勻。

粉撲的清潔

對喜歡化妝的姊妹們來說，每天使用率最高的化妝工具就是粉撲了，早上用來修飾膚色，白天還要用來補妝。很多被扔掉的粉撲除了沾滿了粉底，其實和新買的沒有兩樣。所以，準備一瓶粉撲清洗液吧！用它清洗粉撲，絕對比買新粉撲省錢。如果妳實在不想買，用溫和的肥皂和抗菌洗手液也可以代替，但是切忌使用洗衣精或洗衣粉來清洗，以免化學殘留成分傷害肌膚。

先將粉撲放在溫水中泡軟，抹上清洗液。在水盆或流動的水流中揉搓擠擠，直到洗不出粉水。接著在流動的水中沖洗一下，徹底洗淨清洗液，一定要沖洗乾淨。單手擰乾粉撲後用吸水力較強的毛巾或不掉屑紙巾按壓吸水，再放在通風處晾乾。

海綿的清潔

將海綿在溫水中泡軟，抹上沐浴乳或抗菌洗面乳，使其產生泡沫。放在掌心擠壓，不要揉搓，直到洗淨粉水。沖洗海綿，洗淨清潔劑，將海綿按乾，放在通風處陰乾。

千萬不要用開水燙海綿，水溫過高會使海綿孔洞變大。也不能搓洗，摩擦會使海綿變形，反而會縮短其使用壽命。

刷子的清潔

刷子通常一個月清洗一次即可。用溫水充分沾濕刷毛和刷桿，用手指將洗髮精塗抹在刷毛上，在手背上順著刷毛的方向來回輕壓。用吸水力強的廚房紙巾擦乾刷子，放在通風處陰乾。過一段時間把刷毛翻面，並在手背上順毛，再放回通風處陰乾。

清洗刷子時，不要用力亂搓刷子，會影響刷毛的形狀，要順著刷毛的方向來回輕按。如果是特別細密的大刷子，可以輕輕地甩乾，甩乾時手應握在靠近刷毛的部位，如握在尾端，連接刷毛和刷桿的部位容易折斷。

睫毛夾的清潔

用酒精棉球將整個睫毛夾包括夾墊部位擦拭乾淨，或用棉花棒沾取眼唇卸妝液，將夾墊上殘留的睫毛膏擦淨即可。無論是用酒精還是用卸妝液清潔睫毛夾，都不要忘了再用清水沖洗，以免下次使用時刺激眼睛。

二次加工化妝品，超級變變變

我曾經在網路設置一個記帳本，每天記錄自己的消費流水帳，到了月底看一下系統自動產生的消費比例圖，大吃一驚，每個月竟然有許多錢是花在購買大量的彩妝護膚用品上。買了這麼多化妝品、保養品，每個月又會產生多少垃圾呢？有些產品是因為功能無法滿足自己而遭遺棄，還有些是因為喜新厭舊而被打入冷宮的。

相信沒有哪個愛美的女性會忽略化妝，不僅我如此，也常看到女性好友興致勃勃地買回一大堆化妝品，這瓶還未用完那瓶又被開啟，最終往往造成一大堆化妝品未能完全用光，就走向過期的命運。

過期化妝品難道只有被遺棄的命運嗎？或許可以廢物再利用，讓它們繼續未完成的使命呢！巧妙利用過期化妝品，讓護膚不再鋪張浪費，經濟實惠才能讓美麗的價值放到最大。

以下就和姊妹們分享一些化妝品二次利用的小技巧，讓它們華麗大變身，再度成為妳的新寵。

洗面乳＝沐浴露、洗滌劑

洗面乳是護膚的基礎產品，自然不可缺少。然而，小小一瓶洗面乳往往可以用一年四季，但是有些姊妹們肌膚容易受氣候影響，不同季節需要不同的洗面乳來洗臉，所以洗面乳就成了最易更新替換的清潔用品。

不想再用的洗面乳，可以考慮做為沐浴露使用，或是衣物洗滌劑，不僅能令全身肌膚更清潔白皙，還能讓衣物更加煥然一新。

眼霜＝護腳霜

眼霜是保護眼周肌膚最重要的產品，雖然只有那麼小小一支，但是也足夠用上數月。開封的產品總是不易保存，眼霜也會在放置過程中逐漸失效，最終喪失其原有的效果。昂貴的眼霜總要有個去處，妳可以考慮為終日奔波勞碌的雙腳做護理，眼霜是不錯的選擇。

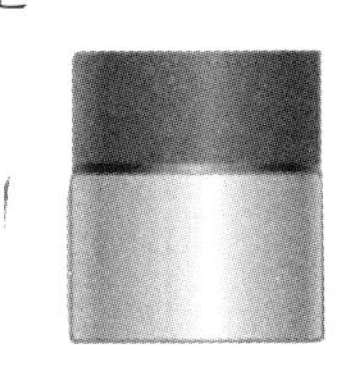

面霜＝護髮素

面霜或許是很多人在寒冷的季節才會使用的保養品，在炎熱的夏天，肌膚多油出汗，面霜常常會退役，該怎麼辦呢？

其實面霜未必只能用來擦臉，我們的秀髮也需要深度滋養，而面霜就是最好的選擇。不用懷疑，讓面霜充當護髮素，會讓秀髮更加絲滑柔順。除此之外，面霜是肌膚保養的高度營養品，還可以用來保養皮革用品，效果也很不錯哦！

粉底＋精華液＋乳液＝BB霜

在眾多保養品中，總會有許多剩餘的「邊角料」，比如用了一半的粉底、精華液、乳液常常被主人們閒置在角落，重新組合這些「邊角料」，讓它們再次重生，並非難事。

只要把粉底、精華液、乳液充分融合後，就是BB霜的最佳替代品。不過，乳液要選擇保濕的，粉底的色階要自然。把不用的粉底拿出來，色階較深的就多加乳液，色階淺的就少加乳液。用這些DIY的BB霜妝點面容，效果一點都不差哦！

面膜＝護髮膜

敷完面膜後，將撕下的面膜直接敷在髮尾或乾燥部位的秀髮上，再用乾毛巾包覆二十分鐘，取下面膜後用梳子梳理，秀髮絕對會變得柔順閃亮。

睫毛膏＝眉膠

用纖長睫毛膏刷橫向沿眉頭拉向眉尾，最好一氣呵成，如果功夫不到位，刷眉時靠著某個支撐物較好，最後用眉刷梳理成型。

睫毛膏＝眼線液

將適量的睫毛膏倒在手掌中，再用一枝很細的筆沾取來畫眼線。注意要由眼尾畫向內眼角處。

眼影＝眉粉

用斜頭的小扁刷子沾上眼影粉，在手掌上去除餘粉，從眉峰刷至眉尾，最後再往前畫到眉頭，用眉刷把畫好的顏色刷自然。

眼影＝亮粉

直接將淡色眼影在掌心揉搓均勻，塗在脖頸或鎖骨處，絕對會讓妳在 Party 上光芒四射！

各類粉餅組裝新粉餅

為了控油和補妝，許多姊妹們都會在化妝包中備一塊粉餅，但正是由於帶來帶去等各種因素，剛買回來的粉餅就被壓碎了，好心痛，該怎麼辦呢？可以重新組合新粉餅。

粉餅的製作其實非常簡單，只需要舊粉餅和化妝水就可以了。

首先把舊粉餅充分壓碎，倒入水，邊倒邊攪拌，化妝水不用加太多，只要能夠充分攪拌均勻即可。把攪拌好的「粉糊」重新裝入粉餅盒中，等待化妝水中的水分和酒精充分揮發以後，一塊嶄新的粉餅就大功告成了。

各種色階的粉餅都可以加在一起，有時候這樣混合出來的效果往往最適合自己的肌膚。注意，請使用受了「外傷」或不喜歡的粉餅來重新調和顏色，千萬不要用過期粉餅哦！

用眼影調製指甲油

用閒置的眼影製作指甲油，調出來的效果非常驚人。先把眼影粉放到一個小盤子裡壓碎，滴入少許透明的指甲油，充分混合後均勻塗抹在指甲上。

這個方法非常簡單，有什麼顏色的眼影粉，就可以製作什麼顏色的指甲油，如此一來就可以利用眼影粉自製各種顏色的指甲油了！而且平常不用的腮紅、陰影粉也都可以製作指甲油，就連唇彩也可以充分利用。

使用之後的小刷子要記得洗乾淨再放回瓶子裡，以免將透明指甲油染色，千萬別忽略最後這個注意事項哦！

口紅是化妝包裡的客串明星

每個人的化妝包裡都會有一支口紅，口紅當成一般唇彩使用，用以點綴唇色，這是大家都知道的。但是還有其他作用，絕對是化妝包裡的客串明星，在需要時還能當成其他彩妝使用，為妳救急。

忘了帶腮紅出門，或者根本不想帶腮紅出門，這時口紅就可以登場了。

先以指腹沾取口紅，以輕拍的方式，讓顏色均勻附著在臉頰上，創造出自然的腮紅效果，連腮紅刷都可以不用嘍！塗到臉上之前，一定要在手背上先把顏色調淡一些，才不會讓口紅在臉上出現可怕的暈染現象。如果是大紅色的口紅，就不適合當成腮紅使用，避免腮紅顏色會過於生硬。

除了腮紅，口紅也可以當眼影。沾取適量後先在手背把顏色調淡，就像使用眼影膏一樣，點壓在眼窩處，就能點綴出粉嫩的色彩啦！

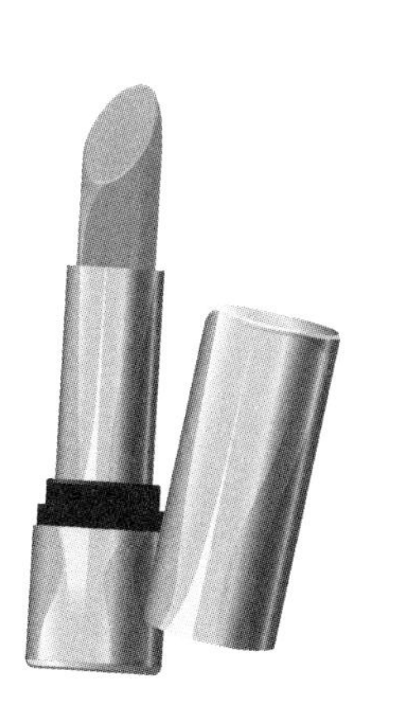

Chapter 6

最划算的居家塑身法

在家轉一圈，就知道妳容不容易發胖

打造瘦身廚房和餐廳

我認識一位非常厲害的瘦身顧問，她曾說過一句話：「在家轉一圈，就知道妳容不容易發胖？」這話曾經讓我很茫然，體重與飲食和生活習慣息息相關，這點眾所周知，但居家佈置也和減肥有關嗎？

確實，居家佈置絕對會影響妳的體重。想減肥，居家擺設可不容忽視，重新家裡佈置成有助瘦身的環境，讓自己輕鬆成為窈窕美人。

讓我們從廚房和餐廳開始。既然體重超標多半是嘴巴惹的禍，就要堅決斬斷禍源。

廚房是放食物的地方，要想成功瘦身，最好把食物都放進廚房裡，不要堆得滿屋子都是。每個房間都有食物或零食，除了更方便妳吃以外，一點好處都沒有。見到食物的機率越高，吃掉它們的可能性自然就越大。把客廳茶几上果盤裡的水果收起來放進冰箱，吃多少拿多少，免得妳沒事就拔一顆葡萄或剝一根香蕉放進嘴裡。

所以我的第一個建議就是：把食物放在廚房裡，在冰箱門或櫥櫃貼上一些便條紙，提醒自己不要吃太多。

我家附近有很多餐館，每天晚上回家都要一一路過它們。其中有兩家餐館讓我覺得很納悶，明明兩家店緊鄰，但有一家門庭若市，還經常有人排隊，另一家卻冷冷清清，總是看到收銀員一個人坐在空蕩蕩的店裡發呆。

難道是兩家的廚師手藝相差太多，料理味道差別太大？

某天我正打算在外面吃飯，毫不猶豫地就朝那家熱鬧的餐館走去。並不是因為它有人氣，而是因為旁邊那家餐館，點著雪亮的白熾燈，白森森的，在冬天的夜晚顯得慘澹冷清，讓我感覺越發冷。而它的鄰居，天花板和牆面上都鑲嵌著橘黃色的小燈，讓餐廳顯得暖烘烘的，很溫馨。

我突然明白這兩家餐館人氣大不同的原因，很明顯，顏色可以影響人的行為。

據研究發現，昏暗的燈光容易讓人放鬆，讓人更有食慾，會不知不覺地吃很多。所以，如果妳想吃少一點，就應該把廚房的燈調得亮一點，明亮的燈光會讓飲食有所節制。紅色、黃色和橙色是減肥人士的禁忌色，因為這些顏色可以影響神經系統，使口腔分泌唾液及使胃液流動，讓我們胃口大開。

如果妳覺得白色太冷硬，不適合居家環境，可以選擇藍色。淡淡的藍色燈光不但能令房間看起來很溫馨，還夠抑制胃口。人類有一種避免吃藍色食物的本能，因為藍色的食物很少，看起來像是有毒。換言之，餐具最好也別選擇紅色、黃色或橘色等暖色調，如果有可能，可以嘗試一下藍色的碗盤，也可以把廚房牆面塗成藍色或在冰箱裡使用藍色燈管，防止自己三更半夜時忍不住打開冰箱，偷吃東西。

如果留意，妳可能會發現大多數人都有一個習慣——吃完碗裡所有的食物，盛多少吃多少，即使是已經飽了，也會堅持吃光盤中餐。因此，建議想要減肥的美女們先給餐具「瘦身」，使用小一號的碗盤，這樣沒辦法多裝，也就不會多吃。

對於情緒化的暴飲暴食，音樂可以幫助妳調節。邊聽音樂邊做事，音樂的節奏越快，人的動作就越快，大家都曾有過這種經驗。吃飯又快又急，也容易吃多，不妨放點柔和緩慢的音樂，隨著音樂慢慢吃，幫助調節進食的速度及情緒。

有些人無法控制自己的食慾，並不是因為肚子餓，而是因為貪圖美食帶給味蕾的美好享受。那麼試試天然香料吧！買些研磨過的香料撒在菜餚上，讓味覺獲得滿足感，就不會吃不停了。

另外，減肥瘦身的大敵是什麼？就是缺乏毅力。在妳的餐桌旁邊放一面鏡子吧！看著鏡子裡的自己，想想自己的減肥目標和瘦身成功的美好前景，相信妳就會三思而後吃。

把電視趕出客廳

N多年前，我曾經有過暑期宅在家裡看兩週電視增肥三公斤的慘痛教訓。愛看電視的人更容易發胖，這不是什麼高深的理論。電視劇、沙發、零食這些名詞往往都是連在一起的，長時間看電視，就意味著多吃、少動。所以，居家瘦身第二招就是——把電視放在沒有沙發的房間裡。

這聽起來可能很可笑，但是確實對減肥有奇效。

想一想，當妳不能舒服地坐著看電視，還會沒完沒了地看嗎？把電視「藏起來」，移到較不明顯的地方，可以的話，連同其他娛樂設施一起放到獨立的房間裡，平時把門鎖上，就能大大降低想要看電視的慾望。

如果別的房間沒有空間放電視，一定要放在客廳裡，就拔掉它的插頭，找一塊漂亮的布蓋上。這樣妳每次看電視時就要重新插插頭，這也是一個小小的走動機會，而且很有可能妳會寧願讓它一直蓋著了。

減肥就非得要做苦行僧？連看電視的樂趣都要被剝奪？當然也不是，只是為了好身材，忍一忍是必要的，畢竟小不忍則亂大謀嘛！真的很想看的話，在電視旁邊放一個鬧鐘，調到三十分鐘或一小時後開始響，提醒妳看電視的時間已經結束，該起身活動一下了，坐太久會長肉肉的。

顏色繽紛的臥室造就充滿朝氣的美女

前面用了許多文字專門說明美容覺的重要，睡眠品質差除了對健康不好，還會讓一些控制體重的荷爾蒙失調，可見佈置一個舒適的臥室，是女人的頭等大事。

年輕美眉喜歡把閨房佈置成粉紅色，覺得這種溫馨的顏色會讓房間像公主屋一樣。其實粉紅色並不適合臥室。科學家的實驗顯示，長時間置身於粉紅色的環境中，會令人緊張嘔吐。除了粉紅色，大多數淡色系都有鎮定的作用。考慮一下把臥室重新漆上一種比較淡的顏色，如果妳不打算做這樣大規模的改革，變化一下寢具的顏色也好，淡淡草綠色的床單，彷彿有青草的氣息，淡藍色的枕頭，彷彿睡在雲端，躺在這樣的一張床上，肯定能安然入夢。

有人喜歡在臥室掛上厚厚的遮光窗簾，搞得像飯店客房一樣不辨晨昏。這樣「不見光」的房間非常有害，不要總是讓厚厚的窗簾阻擋自己與陽光的親密接觸。每天早上沐浴在朝陽的光輝中，可以喚醒妳的生理時鐘，讓身體與大自然同步。

窗簾的顏色可以根據房間的座向來選擇。如果早晨的陽光可以照進臥房，就選擇暖色系的窗簾。如果陽光在下午才能照進來，選擇冷色系的窗簾會更好。利用窗簾的顏色來平衡進入房間的陽光，打造一個最自然的休息空間。

有人說女人的臉蛋越漂亮，她的房間越亂。我個人覺得這是一個假命題。如果臥室幽暗、混亂，妳熬夜上網、躺在床上吃東西的可能性就更大了。每天自己疊被子，把床整理得乾乾淨淨，保持臥室整潔，可以幫助妳打消深夜上網或窩在被窩裡看電影的念頭，進而得到更充足的睡眠。

打造自己的小小健身房！

妳家裡可能有臥室，有客廳，有書房，但妳會為自己特別佈置一個健身空間嗎？

找一個小房間，或大房間裡的一塊空間，佈置成屬於妳的健身小天地，感覺更有健身的氣氛，可以提高妳運動的意願。

我家就有一個這樣的健身角落，位於書房的一角。在書櫃旁鋪一張天藍色的瑜伽墊，對面是落地窗，每天早晨看著窗外的白雲和綠樹，聽著輕緩的音樂做做瑜伽，伸展一下身體，神清氣爽地開始每一天，不亦樂乎。

佈置健身空間不一定要買很多專業的健身器材，擺放一些簡單的運動工具就足夠了。一張瑜伽墊、一顆健身球、一部輕巧的跑步機、一對啞鈴，足以顯示出它們的主人熱愛運動和生活。家裡有這樣一個小小的角落，絕對有利於妳持續健身計畫。

在顏色的佈置上，綠色、紅色、藍色或金黃色等，這些令人愉悅和活躍的顏色可以大膽採用。明朗的顏色可以衝擊妳身體的能量系統，爆發妳的小宇宙。如果是練瑜伽，則可以使用淺色系，以保持心情平靜和專注力。

跑步健身時，可以利用薄荷或茉莉精油來幫助保持警覺性並提高能量釋放，讓自己跑得更快，妳也不妨一試，在跑步機旁放一盞薰香燈，薄荷的清涼和茉莉的清雅，會讓運動美人更有活力。如果是練瑜伽，可以試試椰子味的薰香，椰子的香味能幫助我們舒緩壓力。

專業健身館或舞蹈房的牆壁四周都是大片的全身鏡，讓人可以從各個角度看見自己的運動情況。但家裡的運動角落千萬不要放鏡子，剛開始運動時，對著鏡子揮汗如雨，反而會有不好的效果。我一位女性朋友對我說，她在做產後塑身的運動時，大汗淋漓後在發現鏡子裡的自己仍舊臃腫，頓時覺得特別氣餒和沮喪。確實，有時候對著鏡子做運動反而會產生消極的影響，感覺自己離目標太遠、失去信心和力量、無法放鬆等等。

如果妳覺得沒有鏡子，對著牆壁運動很無聊，來點音樂吧！音樂是百試不爽的振奮劑，據說使用跑步機的人，聽音樂時可多跑二四%的里程數。一邊健身一邊聽喜歡的音樂，就覺得運動沒那麼辛苦了。

2 沒有健身器材，利用椅子減肥也可以

椅子美臀必修課

女作家張愛玲曾經說過一句話，恐怕會傷了許多東方女性的心。她說：「東方女子的腰與屁股長得特別低，背影望過去，站著也像坐著。」張愛玲如此直接地指出華人女性的身材弱點，令人警醒！確實，很多東方女性的臀部天生就略顯扁平，所以美臀成了愛美女性必須苦苦追求的目標。

想要擁有完美的臀部曲線，要遵循兩大法則：改變惡習和堅持運動。

所謂惡習，就是不能久坐不動，哪怕妳是忙碌的粉領上班族，也要在工作一段時間後站起來走動走動。如果想要一個扁平臃腫的屁屁，久坐可是法寶哦！

進行瘦身塑形，運動是絕對少不了的。適量運動就像一把小刻刀，能把妳的身材雕琢得越來越

玲瓏，越來越完美。渾圓的翹臀會讓妳看起來非常性感、有活力，利用零碎時間做做運動，雕塑身材曲線，既無需複雜的器材，也不需要太多時間，只要一把椅子就能搞定。持之以恆做椅子瘦身操，只要兩招，不用花錢，輕鬆就能變漂亮，心動就趕緊行動吧！

第一招：上半身挺直站在椅子後面，距離約一步，雙手放在椅背上。夾緊臀部，抬起左腳，保持約十秒鐘，還原，換右腳重複動作。

第二招：站在椅子前面，雙腳分開與肩同寬。好像要坐椅子的樣子，吐氣後半蹲，雙臂平行向前推。

一把椅子瘦全身

下面的這一套椅子瘦身操，最適合懶得出門的宅女。一把椅子就可消滅手臂、腰、小腹上的贅肉，打造魔鬼身材。建議每個動作重複十五至二十下，每天做三到五次，只要能堅持一個月，效果超明顯！

下面的這兩個動作能夠運動手臂肌肉，甩掉手臂上的「蝴蝶袖」，讓手臂線條更加纖長柔美。

Step1：雙手扶住椅子前端，身體懸空，雙腳慢慢屈膝著地。

Step2：保持 Step1 的姿勢，身體向下垂，手肘內夾，支撐全身的重量。

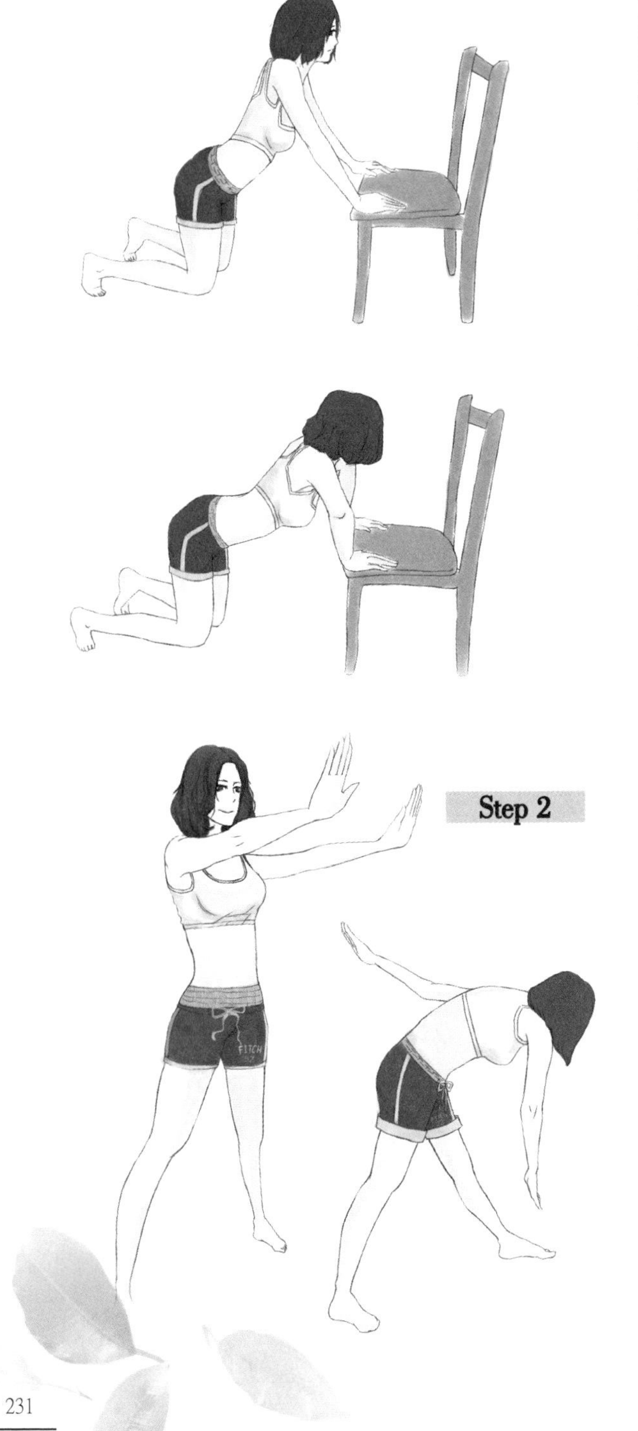

這兩個動作是鍛鍊小蠻腰的，注意運動時要使用腰部力量扭動身體，並且要縮腹挺胸。

Step1：雙腳打開站立，寬度為約兩倍肩寬，兩手平舉，掌心朝前。

Step2：轉動腰部和肩部，右手摸左腳。恢復 Step1 後，接著換另一側做。

這三個動作是最適合「小腹婆」的，能夠運動腹部肌肉，擁有平坦小腹。

Step1：坐在椅子前沿的三分之一處，雙手扶在臀後椅子上，兩腳垂直擺放。

Step2：雙腳伸直離開地面，腳尖盡量下壓。

Step3：屈膝，將雙腳抬高盡量貼近身體。

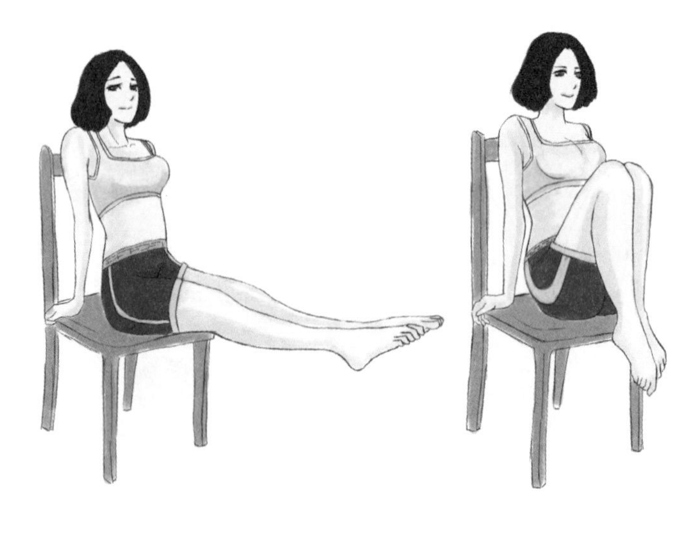

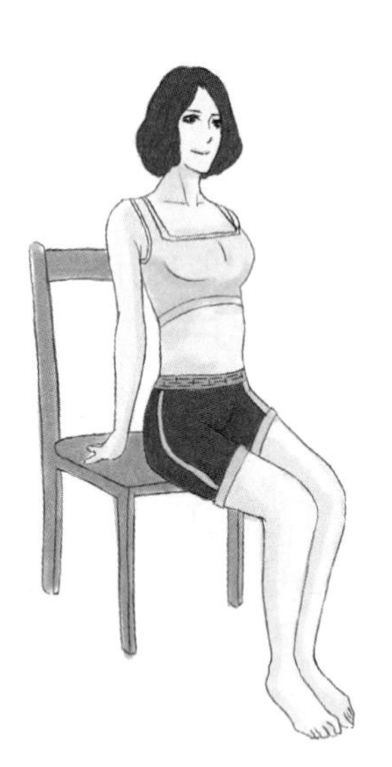

3

窈窕美人的最愛——足浴盆

多泡腳，身體越來越窈窕，健康

我有位女同事，一到下午就不太敢喝水，否則到下班時，腳就塞不進高跟鞋，水腫狀況很嚴重。現代人經常躲在冷氣房裡，缺少運動，飲食、作息不規律，再加上工作和生活的壓力，很容易導致全身的血液循環不良，淋巴代謝不暢，身體容易腫腫的。尤其是女性，更容易發生水腫或下半身肥胖等問題。

面對這種情況，利用足浴來瘦身塑形最合適不過了，只要每天泡泡腳，輕鬆甩肉沒問題。

相對瘦身塑形的其他方法，泡腳可說相當享受，把腳放進熱熱的足浴盆裡，立刻就能感受到腳

底傳來陣陣暖意。幾分鐘後，身體就會覺得熱呼呼的，血液循環加速，便能將積存在身體中的老舊廢物排出體外。

泡腳可以驅散體內的寒意，調整人體內分泌的平衡。一年四季都可以用熱水泡腳瘦身，不但有塑形的作用，還能緩解失眠、頭痛、生理期肚子痛等症狀呢！

在一天當中，早上或睡覺前都是比較合適泡腳的時間。早上泡腳，可以驅散晚上睡眠過程入侵體內的寒氣，而晚上泡腳，能讓妳睡得更加香甜。

但是在剛剛吃完飯或肚子餓時，不宜進行泡腳瘦身。剛吃飽時，胃部需要消化和吸收食物，身體中的大部分血液都會供應到胃部。這時若用熱水泡腳，就會分散了胃部的血液量，影響消化，不但會引起不適，長期下來還容易導致胃病。泡腳瘦身的作用是利用熱水的溫度來提高體溫，促進血液循環、加速脂肪燃燒，而肚子餓時血糖會下降，如果血糖已經偏低，再加快體內能量的消耗，很可能會暈倒。

信不信，泡腳還與妳的「性福」有關哦！荷蘭科學家有一項研究，證明溫暖的雙腳能讓女性高潮機率提升30％。

腳和性器官在大腦內共用一塊區域，它們的中樞神經相鄰，可以分享性愛資訊。除此之外，腳上有很多和性感受密切相關的神經纖維和穴位，比如大腳趾和食趾之間，有一個「大敦穴」，就是一處絕佳的性感帶，以手指按壓或用溫度刺激這個穴位，都可以令女人興奮，產生快感。晚上臨睡前，用熱水好好泡腳，按一按位於大拇趾（靠第二趾一側）甲根邊緣約兩公分處的大敦穴，跟心愛的他好好享受一下甜蜜時光吧！

好了，言歸正傳，還是來談我們的瘦身大計。其實無論什麼樣的塑形方法，都需要持之以恆才能有效果。泡腳瘦身的方法不需太費時費力，相對來說瘦身效果也比較緩慢，但是這個方法不但會讓身材越來越窈窕，還能讓妳的身體越來越健康。不妨在泡腳時順便做個面膜，泡腳到一定時間，體溫上升了，臉上毛孔也打開了，能更充分地吸收面膜的營養，這時候敷面膜，效果好又節省時間，何樂而不為呢？長期堅持下去，妳會欣喜地發現身材和皮膚都越來越好了！

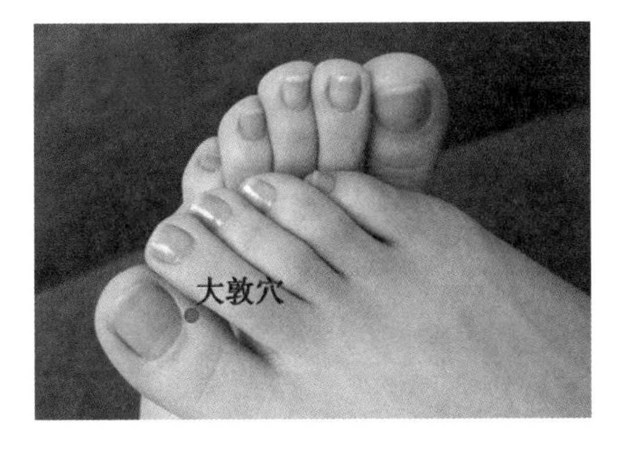

「泡」掉下半身脂肪，擁有瘦直小腿

泡腳瘦身法，有幾樣「道具」是必備的：

一個全自動足浴盆，最好是能泡到小腿的深桶型。想有效減掉下半身脂肪，擁有瘦直小腿，進行泡腳瘦身時，水位最好高於小腿腿腹中上部位；N雙舊絲襪；一條潔淨柔軟的毛巾。

如果沒有足浴盆，用塑膠水桶或水盆也可，大小要足夠讓雙腳輕鬆地浸泡其中。另加一個保溫熱水瓶，裝滿熱水備用。

先在足浴盆或塑膠水桶中倒入十五至二十公分深的熱水，溫度約41、42℃為宜。每次泡腳最好在三十至四十五分鐘之間。要特別提醒大家，泡腳時不能一下子就把小腿整個放入熱水中。對膚質比較敏感的美眉來說，皮膚遭受突如其來的高溫刺激會很不舒服，正確的方法是慢慢地把腳放到水裡，讓小腿皮膚慢慢適應水溫。

泡完之後把雙腳擦乾，抹上腳部護理霜，幫腳丫美容一下，再穿上襪子保暖，最後喝溫水補充身體水分，同時促進新陳代謝。

通常一天可以泡一次腳，有時間的話，每天泡腳二至三次，效果一定加倍喲！

泡腳水加點「料」，效果更奇妙

前面提到泡腳的必備道具之一還有「舊絲襪」。絲襪是用來做什麼的呢？

如果我們能根據自身體質在泡腳水裡加「料」，例如中藥或花草，保健作用就會更上一層樓。這時絲襪就派上用場了，把藥草裝進絲襪再放入水中，方便泡完腳的後續清理。

給姊妹們推薦三種最經典的泡腳水：生薑水、桂皮水、紅花水。

生薑是一種非常有活力的食材，同時也是藥材。在中醫中，生薑屬於辛溫解表藥，能夠祛寒解表。現代醫學認為，生薑能夠刺激人體的毛細血管，改善局部血液循環和新陳代謝。怕冷、手腳冰冷是女孩子常見的症狀，用生薑泡腳，暖身作用立竿見影，效果非常強大。

用生薑泡腳並不是將薑放入熱水中浸泡，還需要提前做點準備：中等大小的薑半塊（十五至三十克），拍扁後放入小半鍋熱水中，蓋上鍋蓋，大約煮十分鐘後，將全部薑水倒出，加入冷水，把溫度調整到40℃左右就可以泡腳了。

如果泡腳用的水量較多，或是怕冷的症狀比較嚴重，可斟酌增加薑的用量。用生薑水泡腳一段時間後，怕冷的症狀通常都能得到一定程度的改善。這種因血液循環不良引起的水腫，特別適用生薑泡腳法，能有效促進下肢血液循環。

桂皮是家中常用的香料，又叫肉桂或香桂。桂皮可溫腎陽，用於泡腳對腎源性水腫有較好的緩解作用。

腎源性水腫一般首先發生在組織疏鬆的部位，比如眼瞼、臉頰、腳踝，通常在早晨起床時最明顯，用手指按壓水腫部位，皮膚會出現小凹陷。如果出現腎源性水腫，可以用花椒和桂皮各十五克煮後泡腳，煮法與煮生薑的方法相同，不同的是要小漏勺把生薑和花椒撈出來，裝進絲襪放入泡腳水中，消腫效果會更好。

紅花是一種中醫常用的婦科中藥，功效是活血通經、祛瘀止痛。冬天氣候乾燥，皮膚容易龜裂的人可以用紅花泡泡腳，效果很棒。

用紅花十至十五克，按照前面提到的方法煮水泡腳，能夠預防和改善凍瘡。紅花水煮好後，同樣把殘渣撈出來裝進絲襪，放入泡腳水中再次使用。

如果血液循環不好的情況比較嚴重，平時會感覺到手腳容易發麻，或下肢出現瘀血，可以用三十至五十克的乾艾草和十至十五克的紅花同時煮水來泡腳，能夠加速改善血液循環問題，還能提高睡眠品質。艾草紅花水，對受寒感冒也能發揮一定的治療作用。

窈窕美女有一雙愛「吃醋」的腳丫

我在前面的章節中，以很大的篇幅說明給皮膚「吃醋」的好處，醋的優點多不勝數，這裡又要再次出場啦！在冬天，很多美眉不但手腳冰冷，還會出現膚色暗沉、缺乏彈性的狀況，這時可以用醋泡腳，具有紓壓、強壯身體、滋潤肌膚的效果。

中醫認為，足是人之根，長期使用醋泡腳，可以調和人體經絡，促進氣血運行，有助於平衡陰陽，改善手腳冰冷，對於免疫力的增強有很明顯的作用。

現代醫學則認為，經常用醋泡腳，能夠協調交感神經和副交感神經的興奮程度，發揮調節和鬆弛原本緊張的神經，非常適合壓力大的人。比如白天工作忙碌的上班族，經常用醋泡泡腳，不僅可以緩解腳丫穿了一整天高跟鞋的疲累，還可以抒發壓抑的情緒。

冬天手腳冰冷的情況多是由於身體血氣不通所導致，使用醋泡腳可加速人體的血液循環，改善身體各部分因為長期不動或是疲勞而導致的缺氧，增強新陳代謝。

醋有很強的殺菌清潔作用，如果足部有真菌感染而出現腳氣的情況，多用醋泡腳，可以緩解腳部的多種症狀。

用醋泡腳最大的好處，就是對肌膚的美容效果很明顯。連續七天用醋泡腳，妳會發現不僅腳丫的皮膚變得光滑，身體和臉部皮膚也變得更加有光澤，臉色明亮，潤澤度超高。這樣水嫩的肌膚，這樣簡單有效又省錢的美容方法，有誰不愛呢？

CHAPTER 6

4 浴缸：泡湯就能瘦

又舒服又爽快的瘦身法

我記得有一年休假，在家宅了一個月，回去上班時同事都說我瘦了，看著身體線條變緊實，我當然高興，可是自己並沒有刻意減肥啊！後來無意中在網路上看到洗熱水澡可以減肥的說法，這才想起來休假期間因為有空閒，每天都泡一個小時以上的澡。熱水沐浴是不是真的可以瘦身呢？

確實，泡熱水澡是一種透過出汗達到減肥目的的好方法，有人把這種方法叫做「流汗減肥法」。泡個熱水澡，又舒服又爽快，還有比這更快樂的減肥方法嗎？不過，熱水沐浴減肥法可不是洗洗熱水澡就可以，想要達到瘦身的效果，裡面學問大著呢！

泡熱水澡能瘦身的道理是：在洗熱水或溫水澡時，可使體溫上升，高溫使人體毛孔擴張，體溫升到38℃左右時便開始出汗。出汗能把體內大量的水分排出體外，同時也消耗掉體內大量的熱量，皮膚上的汗水在空氣中散發，就能帶走皮膚中的熱量。而且高溫能夠促進血液循環，透過汗水排出積聚在體內的毒素，可以減輕關節炎、腸胃病、慢性支氣管炎等症狀，而且有美容作用，能收縮毛孔，使皮膚光滑細膩。

人的全身有無數毛孔，每一個毛孔下都有一皮脂腺，會製造出油性的分泌物。可是這種分泌過程並不是一直持續進行的，當皮膚表面有大量的油脂積存時，皮脂的分泌就會減少。積存在體內的脂肪除了以運動來燃燒消耗外，透過皮脂腺來分泌排泄也是一種途徑。泡熱水澡確實有助於脂肪的排出及消耗。

持之以恆地泡熱水澡，每月可減輕體重約兩公斤。當然，可不要認為泡一泡就完事大吉，瘦身期間可不要大吃大喝哦！還是要配合適當節食和運動才行。

熱水浴＋緊身操＋堅持不懈＝超級好身材

如果妳能夠再勤奮一點點，在進浴室之前做些適當的運動，肯定會獲得更加卓著的瘦身成績。

來做一套瘦身操吧！在做操之前，覺得自己身上哪些部位肉肉比較多，就在那些地方塗上瘦身霜，再用保鮮膜將其包裹起來，OK，可以開始做操了。

Step1：縮肩運動。兩個肩膀盡量向上縮起，看起來好像要碰到耳垂。動作雖然簡單，如果要做足三十次也不是那麼省力的，但是至少要做足三十次。

Step2：站立或平躺，想像自己的身體是一條橡皮筋繩，將身體盡量地拉直，往上方做延伸。

Step3：盡量向後踢腿。開始時先踢五分鐘就可以休息，調整好呼吸後，繼續踢，直到出汗。

Step 3

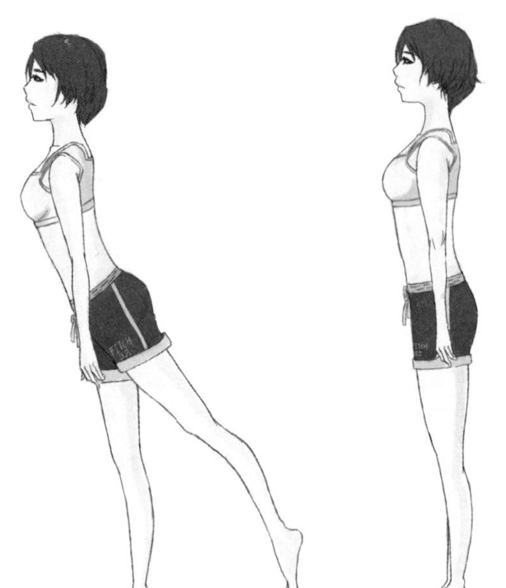

Step 2

Step 1

這時，洗熱水澡的時機就到了。接下來要說的塑身妙招，正是要在浴室裡完成的瘦身任務。

先在浴缸裡泡到身體發熱，感覺到自己的血液循環已經加快了，就用沐浴鹽在腿部由下而上以打圈方式按摩至鹽完全溶解，千萬不要太用力，否則會損傷皮膚。把沐浴鹽沖掉，再使用沐浴乳或肥皂洗淨身體，邊洗邊按摩五分鐘以上。

一番刷洗完畢，請用力拍打揉搓妳不喜歡的贅肉部位，像揉麵糰那樣，直到贅肉的皮膚變紅，表示脈絡已經暢通了。這時用柔軟的毛巾擦乾身體，塗抹緊膚瘦身霜至完全吸收。整個程序下來，熱水浴＋緊身操的瘦身過程就算大功告成了。照照鏡子，覺不覺得鏡中人神采奕奕，輕盈妙曼？

如果妳實在不願意在洗澡前運動，進入浴缸裡後依舊可以運動哦！只要有瘦身的願望，方法多的是！由於水阻是空氣阻力的四倍以上，可以讓鍛鍊效果事半功倍；而溫和舒適的水流可時刻按摩肌肉，緩解運動時的疲勞，對塑形很有幫助，而且洗澡健身兩不誤，既可減肥又節省了時間！

坐在浴缸裡，屈膝，兩隻手臂置於胸前；抬頭挺胸，伸展雙臂，推水並伸出水面；收回雙臂，感受水流的阻力，重複數次。這個動作可以緊實手臂的線條，並讓胸部的形狀更完美。

坐在浴缸裡，把腿彎曲成九十度，雙手撐在浴缸底，挺胸抬頭，這個姿勢保持一會兒；以腳踝為支點，雙腿分開，再夾水併攏。這兩個動作能減掉大腿的贅肉，讓臀部線條更挺翹性感。

坐在浴缸裡，將水浸泡在胸口，雙手沉入水中，宛如拎著一個水桶向前平伸。脊背伸直，雙手橫向移動，帶動腰部轉動，在水的阻力中轉腰挺胸，反方向轉動，重複數次。

這個動作能鍛鍊整個腰部，練出纖細的腰身。

說句題外話，據說為了幫助人們在浴室中度過快樂的瘦身時光，已經有居家用品的廠商研製出一款內置腳踏車的運動浴缸。這種浴缸已經量產了，正準備投入市場，如此美妙的運動浴缸，讓我們一起期待吧！

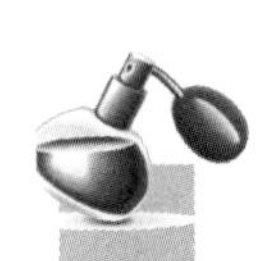

有請浴刷出場

在確實沒有體力運動，或偶爾發懶時，還有一種浴室裡的瘦身方法推薦——有請浴刷出場。

浴刷最好是帶手柄的圓頭鬃刷。泡在浴缸裡閉目養神時，可以用它輕刷身體，順著人體經絡的走向一路刷下來，促進身體的血液循環，通經絡活血脈，刺激穴位，進而達到瘦身的效果。

Step1：刷手臂

刷手臂要先從耳朵開始，有利於淋巴系統排毒。從左耳下開始，沿著脖子左側和左臂外側刷至手背，刷三十五次，在自己能承受的範圍內，不妨稍稍用力些。再從左手掌開始沿手臂內側面刷至腋下，刷十五次，身體內側的肌膚比較嬌嫩，這時力道要輕些，不要把皮膚刷痛了。

Step2：刷背

從脖子開始，沿著脊椎刷到腰，刷十五次，可以稍微用力一點，先刷左側，再刷右側，直至刷遍整個背部。

Step3：刷胸腹

從小腹開始，沿著身體的正中線向上刷到脖子，刷十五次，力道輕柔一點。刷完中間刷左邊，再刷右邊，直至刷滿整個胸腹部。

Step4：刷雙腿

從左腿外側胯骨開始，沿著大腿和小腿外側面刷到腳背，刷十五次，力道重一點沒關係；再從左腳心開始，沿著大腿和小腿內側刷回大腿根，力道放輕，刷遍整個大小腿內側面。用同樣的順序刷右腿的內側面。如果臀部和大腿的脂肪較多，可以稍微用力點多刷五十到一百次。

泡熱水澡的「三大紀律」

在泡熱水澡時，有三點要注意：

第一，讓身體發熱才能達到瘦身目的，但不是要燙熟上桌或是讓自己暈倒在浴室裡。關於這點我有話要說。有一次和朋友一起去泡溫泉，水溫很高，水面氤氳冒著熱氣，我跳進去讓水淹過胸口，泡了半個小時。在水裡時還不覺得有異狀，出來後才走兩步，忽然覺得周圍的聲音都離我好遠……耳邊的聲音越來越遙遠，眼前的景物越來越模糊，身不由己地跌坐在地上。幸好朋友比較有經驗，給我灌了幾口維生素C飲料，意識才慢慢地恢復。

泡熱水澡要選好沐浴時間。最合適的時間是在飯後二至三小時內。此時泡澡可以避免發生低血糖性虛脫，比較安全。如果妳正在狠狠地節食減肥，最好少泡熱水澡，因為體力可能會應付不來。

在熱水中泡出汗後，要離開熱水一會兒，把身上的汗水晾乾，再次進入熱水中使身體出汗，出汗後再出來休息一會兒。如此重複，次數多少根據自己的身體情況而定，以不累為宜。

第二，不論是沐浴鹽還是緊膚瘦身霜都要適量取用，過量使用，迅速瘦下去的不是妳的贅肉，而是妳的錢包。

緊身霜依吸收快慢分為兩種，一種是號稱不需要按摩的，通常這種緊身霜呈液體或膏狀，比較容易被肌膚吸收；另一種則需要按摩三至五分鐘，這類緊身霜常為油膏狀，吸收時間相對長一些。不論哪一種都要適量取用，否則肌膚「吃」不下，不但浪費，還會油膩膩地弄髒衣服。

第三，患有心臟病、高血壓的人，不能採用這種方法減肥。經期、孕期的姊妹們，當然也不可以了。

5 看我睡前幾分鐘的枕頭傳奇

我曾經問過一個三歲小男孩一個問題：「思念是什麼？」

他想了半天，回答我說：「枕頭。」

孩子的想像力和善感的心靈真是令我感到驚訝！一提到枕頭，大多數人想到的可能是睡覺。

隨時隨地運動，這個概念已被大家所認可。

生活中的很多物品，比如椅子、拖鞋、橡皮筋繩都被我們拿來做瘦身道具了。其實枕頭也是有助於塑形減肥很好用的道具哦！只要善用枕頭，配合不同的運動姿勢，就能簡簡單單地塑造完美身材了。

睡覺前小動十分鐘，不但鍛鍊了身體，還能睡個好覺，抱個枕頭，試試在舒服的床上瘦身吧！

Step1：俯臥在床上，雙手支撐下頜部位，腹部墊在枕頭上，雙腿向上屈膝，雙腳擊掌。這個動作能夠減掉大腿內側贅肉。

同樣俯臥，大小腿呈九十度角，把枕頭夾在小腿中間，上身和雙腿盡量高地抬離地面。腿夾緊枕頭的動作，能消耗大腿內側脂肪，增加背部肌肉的收縮，使放鬆後的舒適度增加，提高睡眠品質。

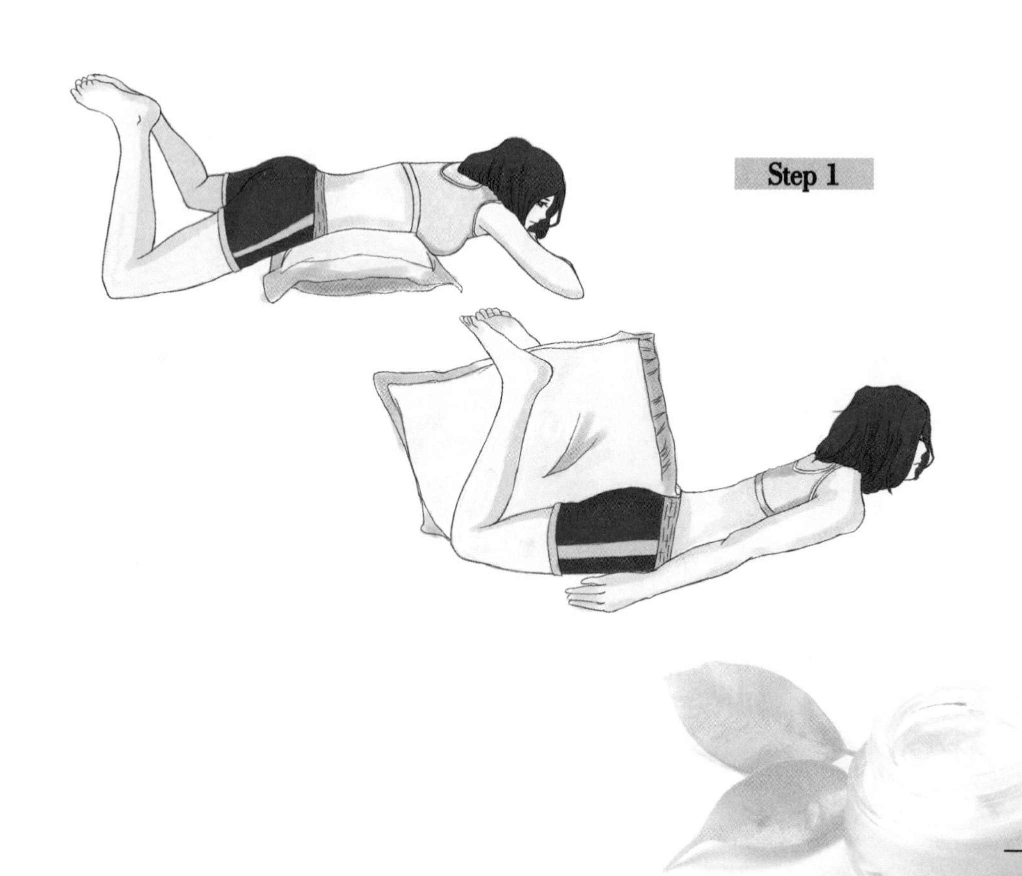

Step2：俯面平躺在床上，腹部墊在枕頭上，雙手支撐下頜，雙腿伸直，單腿用力抬高，這個動作雙腿交替進行。這個動作主要是鍛鍊小腿的，能夠增加腿部力量，塑造完美腿型。

改為仰臥，枕頭放在小腿上面。抬高上身和雙腿，堅持一會兒，如果覺得做起來很吃力，可以用雙手拉住枕頭邊緣。這個動作藉助枕頭的重量加強腹部肌肉收縮，減少小腹上的贅肉，刺激神經，發揮安神作用，讓妳睡得更好。

Step3：仰面平躺在床上，雙腿夾住枕頭，上抬，此時腰腹用力，協助雙腿將身體向上抬升，別讓枕頭滑落掉。雙手用力撐床，腿慢慢放下。這個動作是鍛鍊腹部的，能夠減掉肚臍以下凸出的贅肉。

仰面平躺在床上，將枕頭夾在小腿之間。雙腿上抬，至四十五度。這個動作能夠減掉小肚腩上的贅肉，加強脊椎力量，也有助眠作用。

Step4：身體側臥在床上，把枕頭放在腰下，腰部用力，注意不要貼到枕頭，右臂垂直彎屈，

Step 3

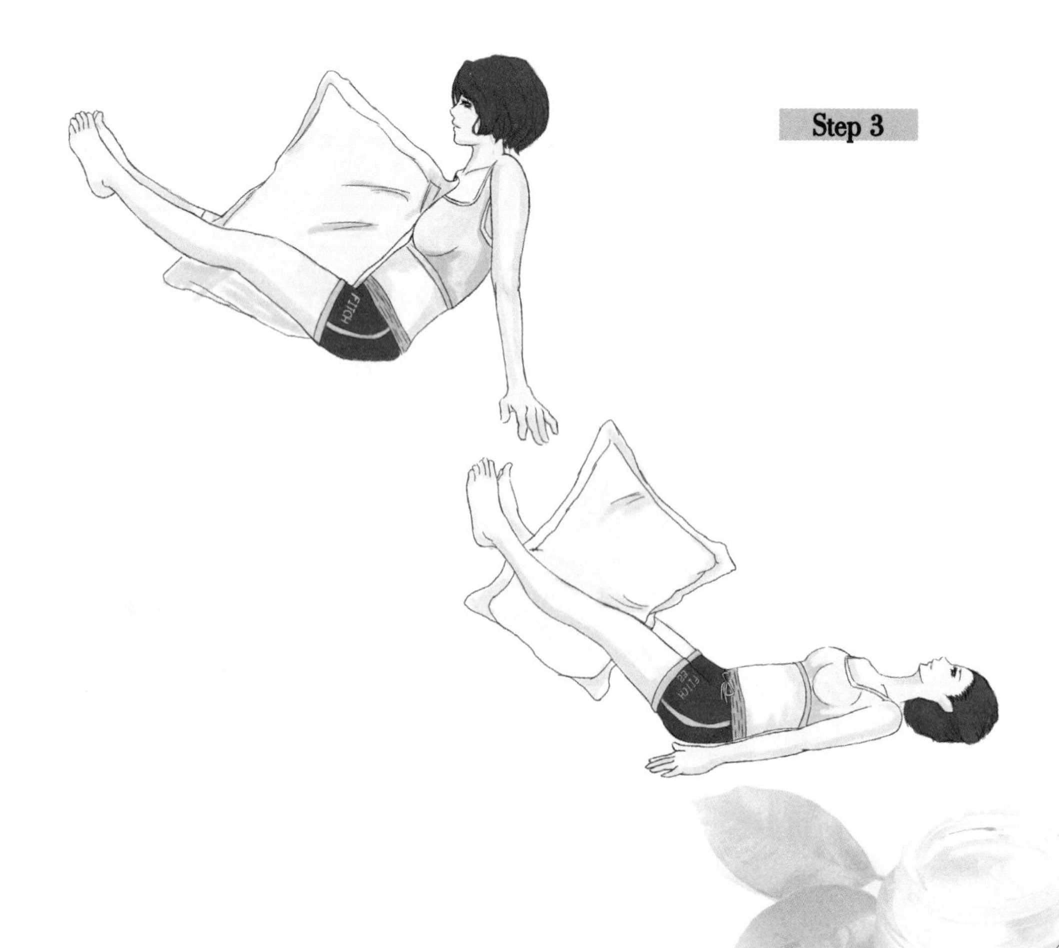

支撐上半身重量。兩腿伸直，慢慢抬起左腿，反覆十次，改變側臥方向換右腿重複動作。這個動作是鍛鍊腰部肌肉的，能減掉腰上多餘的贅肉，得到纖細腰肢。

Step5：跪坐在床上，上身挺直，背部保持一定的緊縮度，兩隻手臂彎屈向後抱住枕頭，挺胸，抬頭，雙肩帶動兩臂用力向後伸展。這個動作可以鍛鍊胸部，塑造完美胸型。

Step 4

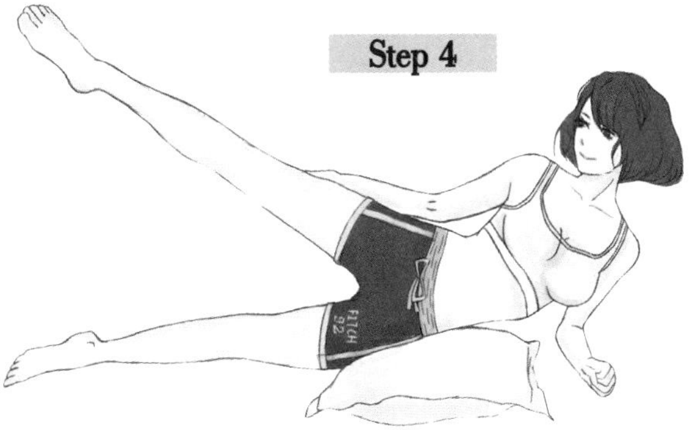

Step 5

美腿法

讓大腿更緊實

在家裡光著腳運動，可以促進腿部的血液循環，對大腿的塑形效果最明顯，同時還能健美小腿和腳踝。

Step1：平躺在地板上，屈膝、收腿，兩腳平放。

Step2：一隻手扶著一側的膝蓋，另一手抓握同側腿踝關節，抱壓大腿向胸部靠近，把腿快速伸直。

Step3：把腿慢慢向上舉，一直到完全伸直，這個姿勢保持一會兒，把腿慢慢放下，還原成Step1的初始姿勢；稍微休息一下，換另一邊的腿做同樣動作。

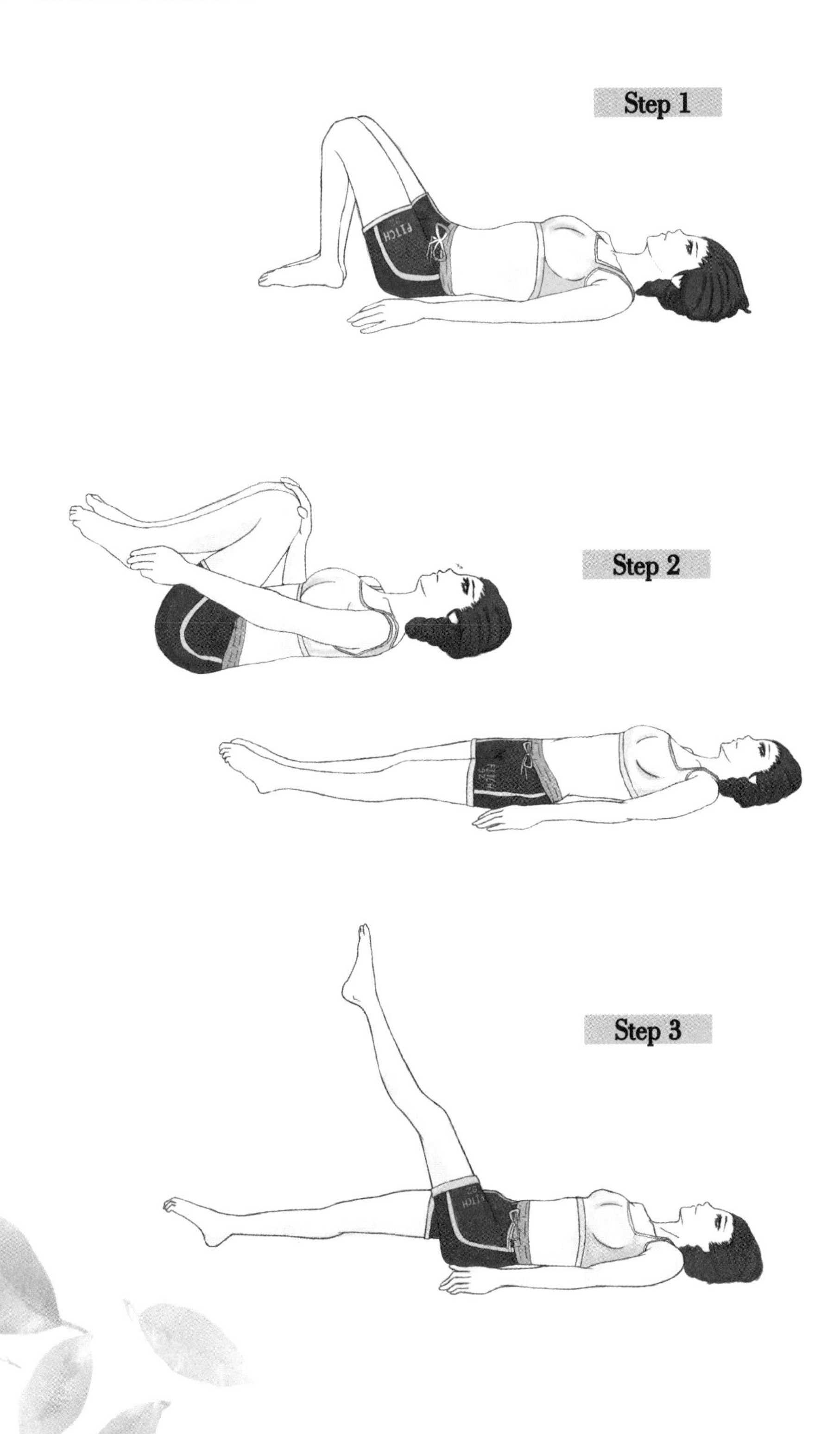
Step 1
Step 2
Step 3

讓小腿更纖細

Step1：身體坐直，兩腿屈膝，兩手平放在膝蓋上。

Step2：雙手慢慢地放在身體兩邊的地板上，身體慢慢向後倒，直至成為半仰臥。

Step3：舉起雙腿，穿緊拖鞋。雙腿繼續上舉，使身體成為倒立狀，做這個動作時兩腿要盡可能伸直，穿緊拖鞋。

Step4：放下腿，恢復初始姿勢。

Step 1

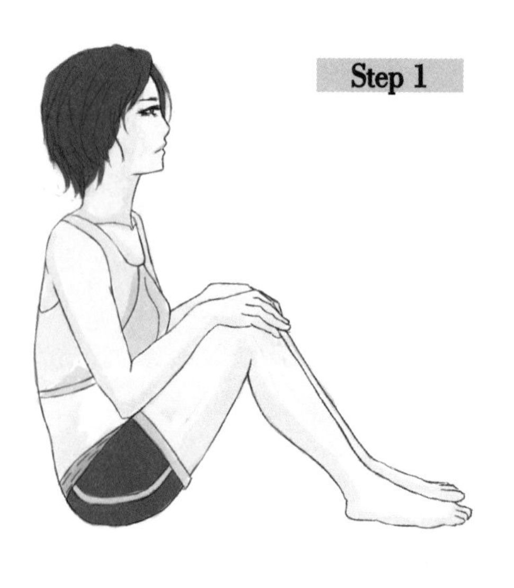

Step 2

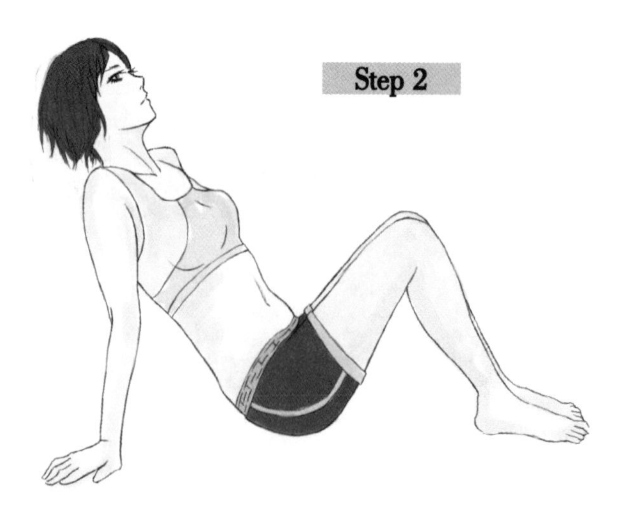

Step 3

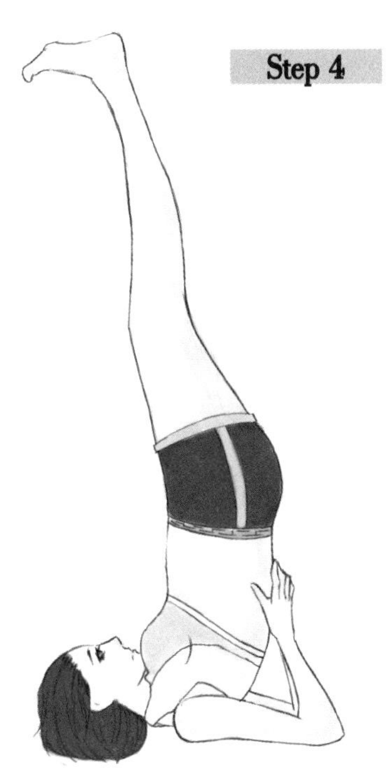
Step 4

7 伸展一下，線條更好看

伸展橡皮筋繩操，零花費，瘦全身

立志瘦身的姊妹們，從今天起，看了我的書，綁便當的橡皮筋繩別再當廢物丟進垃圾桶啦！利用隨手可得的橡皮筋繩，在家就可以做橡皮筋繩伸展操，伸一伸、拉一拉就能瘦，不僅零花費，還簡單方便，低碳環保！

做這套瘦身操，首先要我們自己動手 DIY 一條橡皮筋繩繩。怎麼做呢？把三至四條橡皮筋繩串在一起，達到差不多一百五十公分長就可以了。力氣比較大的美眉，可以把五條橡皮筋繩串在一起，以增加力量強度。

要確保挑選的橡皮筋繩彈性好，運動時動作幅度不要太劇烈；做還原動作時，要對橡皮筋繩繩的彈力保持一定反作用，不要猛地收回。

這套超簡單的橡皮筋繩伸展操，只要七招，就可以鍛鍊到全身。

第一招：踩住橡皮筋繩繩，站在橡皮筋繩繩的中央，兩手握住兩頭，自然下垂。手臂伸直，掌心轉向前，雙手從兩側平穩抬起。

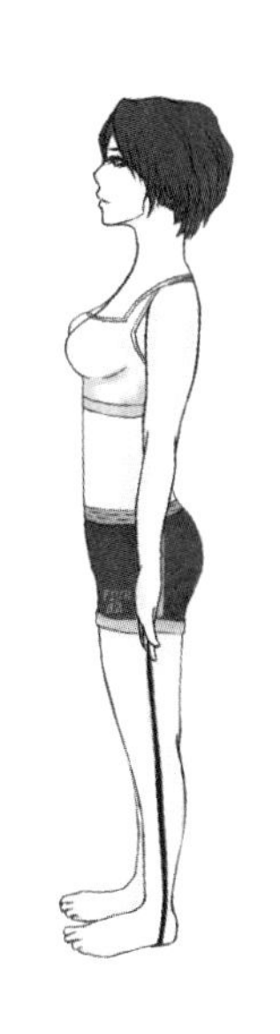

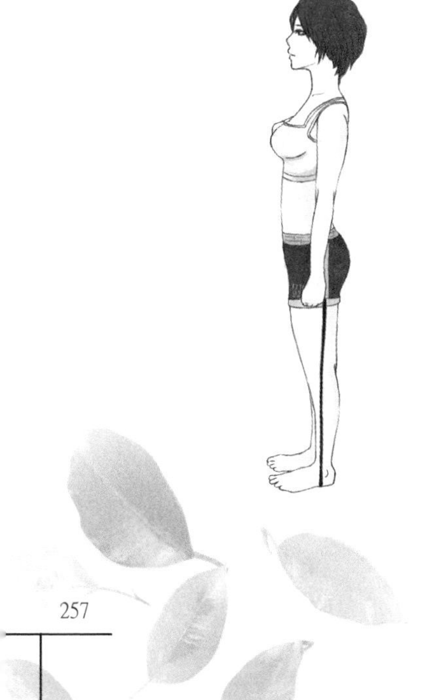

第二招：雙腿打開，與肩同寬，兩手上舉橡皮筋繩繩也與肩同寬。雙臂伸直從兩側往下拉開橡皮筋繩繩，一直拉到胸部，這一招可以鍛鍊我們的肩膀。

第三招：雙腿分開與肩同寬站立，兩手握住橡皮筋繩兩端，拉伸到比肩略寬。兩手繼續往兩邊拉，直到手臂伸直。這節動作可以同時鍛鍊到肩和背。

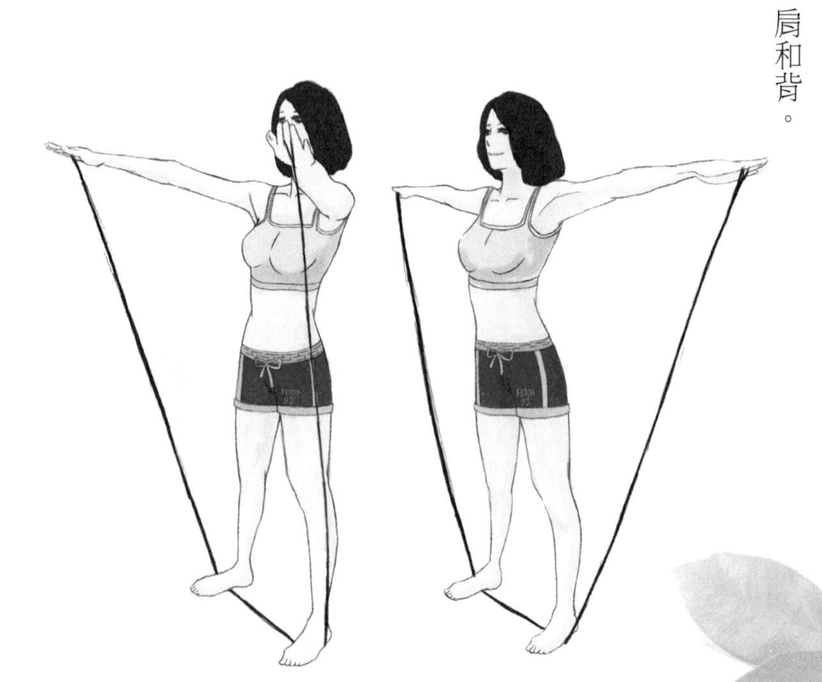

第四招：兩手握住橡皮筋繩兩端，置於腦後，雙腳站在橡皮筋繩中央。上身前傾成水準狀，起身直立，還原。這個動作可以鍛鍊到我們的背部肌肉。

第五招：雙腳站在橡皮筋繩中央，兩手握住橡皮筋繩兩端與大腿同高，向左、做側彎腰拉皮筋。這一招式可以瘦腰，增強腰肢的靈活性。

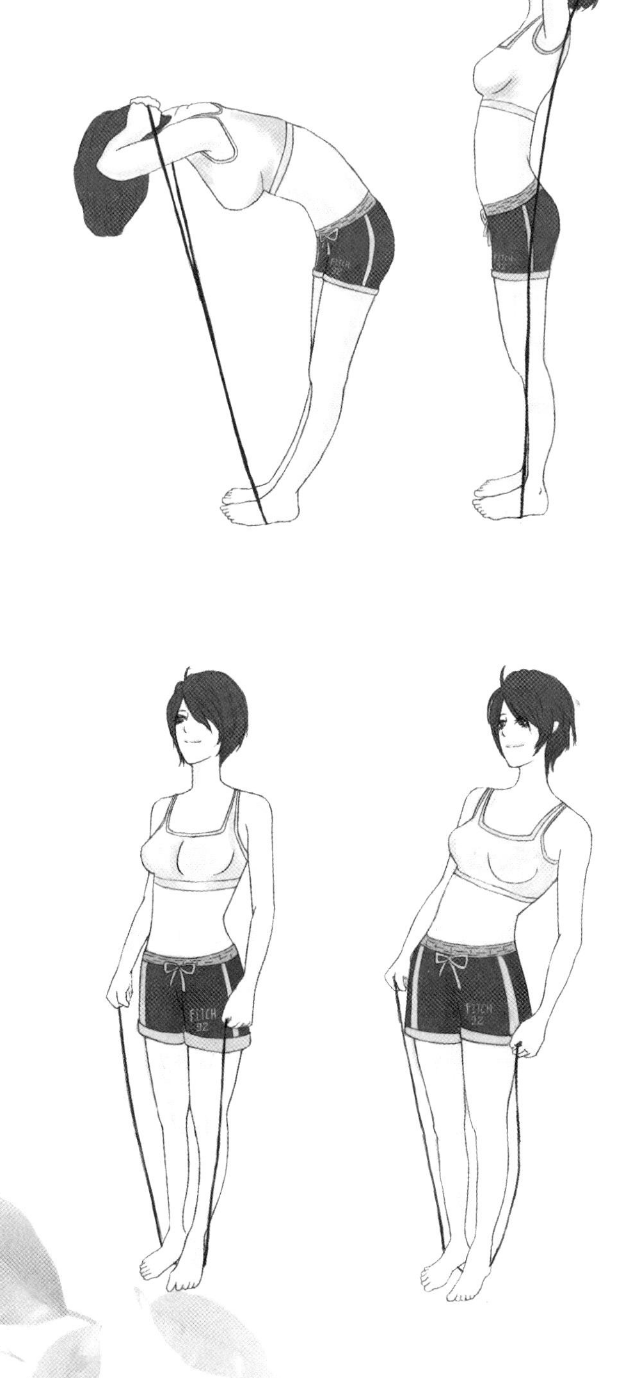

第六招：仰面而躺，把橡皮筋繩固定在離頭頂半米遠的地方。兩手上舉，握住皮筋兩端，手臂伸直，經腿部拉伸，直到接觸大腿，同時吸氣，做還原動作時呼氣。這個動作可以鍛鍊胸肌，讓胸部看起來更挺拔飽滿。

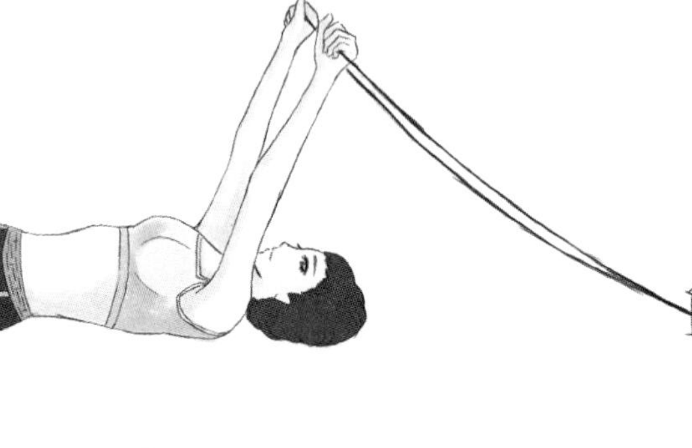

第七招：將橡皮筋繩固定在一個支點上。趴在地板上，把橡皮筋繩繫在腳上，做屈腿伸腿動作，一直做到感覺肌肉疲勞。這個動作可以令小腹上的贅肉消失，讓妳不做「小腹婆」。

提臀橡皮筋繩操，打擊屁屁贅肉，變身翹臀美女

Step1：把橡皮筋繩交叉一下，套在腳心上，另一端握在手裡。跪在地板上，四肢與地面手臂不需要過度用力，肘部微彎即可，但是背部要伸展伸直，千萬不要駝背哦！

Step2：蹬住橡皮筋繩，左腳慢慢往後踢，身體保持姿勢不能動。這個動作的要點是記得要收腹，小腹突出來就沒效果了。

Step3：腳繼續往外蹬，持續收腹，臀部要稍微夾緊，把腿慢慢伸直。

這個動作完成後，換右腳再做一遍。根據自己的體力，做十五至四十五下。如果覺得吃不消，每做十五可以休息一分鐘。

8 面壁不一定就是罰站哦！

在我只有幾歲時，媽媽就教我每天晚上靠牆站立鍛鍊身形的方法，她說女孩子即使不能學芭蕾，也要盡量練習擁有挺拔的身形，就像小天鵝一樣。那時候年紀小不願意學，覺得麻煩，長大後讀書看到「亭亭玉立」這個詞，才知道媽媽是對的，優雅挺拔的身姿對女孩子確實非常重要。靠牆練習法，這個方法雖然很老派，但是確實很有效。

背靠牆壁站直，雙臂自然下垂，將我們的脊背、肩胛骨、臀和小腿肚都緊緊地貼著牆壁，保持這一正確姿勢的關鍵字是「收腹」，收腹的同時就能自然拉伸背部肌肉。此外，還可以背靠牆壁坐直，伸直腿部，讓後腦勺、脊背、肩胛骨、臀部都緊貼著牆，感受一下，妳會發現也能自然前挺胸部，感受到後背豎脊肌的拉伸感。

我們再發揮一下的話，還可以鍛鍊到雙腿。

Step1：在牆壁前方站直，雙腿併攏，左手扶牆，右腳屈膝，往後翹起小腿，用右手扶著繃直的腳掌，腳跟與臀部貼緊，輕輕用力將右腳往臀部的方向拉動，充分鍛鍊大腿與臀部這兩個部位的肌肉。保持數秒後，轉身站立，右手扶著牆壁，用左手抓著左腳，做同樣的拉伸動作。

Step2：靠著牆壁躺坐，注意臀部和後腰不要靠牆，臀部稍稍往前面坐，背部往後靠，令骨盆連著後腰處於傾斜的狀態，與牆壁和地面形成直角三角形，雙腿往前伸直，腳掌也緊繃，腳掌往上翹。

Step3：上臂與牆壁貼緊，兩手扶著地面，而臀部與前臂之間的距離，差不多是手掌的長度就可以，頭部也隨著背部與牆壁相靠，做好準備。

Step4：以背部靠牆的躺坐姿勢，向上緩緩抬起右腿，抬起的動作緩慢地持續四秒，然後放下還原。左右交替地抬起放下各做十次。做這個動作時要注意，雖然是背部靠牆，但也別忘了要盡量往上拉伸背部肌肉，抬腿放下時，膝蓋也不要彎曲。

上面這幾個動作，讓妳靠在家裡的牆上就能輕輕鬆鬆達到瘦身塑形的目的，促進血液循環，讓身姿更挺拔的同時還能增強柔韌性，看起來會非常有魅力。

國家圖書館出版品預行編目 (CIP) 資料

綠養：綠色養顏妙招、天然美膚技巧 / 七七著 . -- 第一版 . --
臺北市：樂果文化出版：紅螞蟻圖書發行 , 2017.03
面；　公分 . --（樂健康；20）
ISBN 978-986-94140-6-7(平裝)

1. 美容 2. 健康法

425　　106000719

樂健康 20

綠養：綠色養顏妙招、天然美膚技巧

作　　者 ／ 七七
總 編 輯 ／ 何南輝
責任編輯 ／ 韓顯赫
行銷企劃 ／ 黃文秀
封面設計 ／ 鄭年亨
內頁設計 ／ 沙海潛行

出　　版 ／ 樂果文化事業有限公司
讀者服務專線 ／（02）2795-3656
劃撥帳號 ／ 50118837 號　樂果文化事業有限公司
印 刷 廠 ／ 卡樂彩色製版印刷有限公司
總 經 銷 ／ 紅螞蟻圖書有限公司
地　　址 ／ 台北市內湖區舊宗路二段 121 巷 19 號（紅螞蟻資訊大樓）
電話：（02）2795-3656
傳真：（02）2795-4100

2017 年 3 月第一版　定價／ 280 元　ISBN 978-986-94140-6-7